BEI GRIN MACHT SICH IHR WISSEN BEZAHLT

AF514516

- Wir veröffentlichen Ihre Hausarbeit, Bachelor- und Masterarbeit

- Ihr eigenes eBook und Buch - weltweit in allen wichtigen Shops

- Verdienen Sie an jedem Verkauf

Jetzt bei www.GRIN.com hochladen und kostenlos publizieren

GRIN

Sylvia Kaap

Didaktisch-methodisches Vorgehen im Praktikum „Instrumentelle Analytik“ für PharmaziestudentInnen zur Herausbildung von Fähigkeiten und Fertigkeiten in der HPLC-Analytik

GRIN Verlag

Bibliografische Information der Deutschen Nationalbibliothek:

Die Deutsche Bibliothek verzeichnet diese Publikation in der Deutschen Nationalbibliografie; detaillierte bibliografische Daten sind im Internet über http://dnb.d-nb.de/ abrufbar.

Dieses Werk sowie alle darin enthaltenen einzelnen Beiträge und Abbildungen sind urheberrechtlich geschützt. Jede Verwertung, die nicht ausdrücklich vom Urheberrechtsschutz zugelassen ist, bedarf der vorherigen Zustimmung des Verlages. Das gilt insbesondere für Vervielfältigungen, Bearbeitungen, Übersetzungen, Mikroverfilmungen, Auswertungen durch Datenbanken und für die Einspeicherung und Verarbeitung in elektronische Systeme. Alle Rechte, auch die des auszugsweisen Nachdrucks, der fotomechanischen Wiedergabe (einschließlich Mikrokopie) sowie der Auswertung durch Datenbanken oder ähnliche Einrichtungen, vorbehalten.

Impressum:

Copyright © 2000 GRIN Verlag GmbH
Druck und Bindung: Books on Demand GmbH, Norderstedt Germany
ISBN: 978-3-640-42145-9

Dieses Buch bei GRIN:

http://www.grin.com/de/e-book/135909/didaktisch-methodisches-vorgehen-im-praktikum-instrumentelle-analytik

GRIN - Your knowledge has value

Der GRIN Verlag publiziert seit 1998 wissenschaftliche Arbeiten von Studenten, Hochschullehrern und anderen Akademikern als eBook und gedrucktes Buch. Die Verlagswebsite www.grin.com ist die ideale Plattform zur Veröffentlichung von Hausarbeiten, Abschlussarbeiten, wissenschaftlichen Aufsätzen, Dissertationen und Fachbüchern.

Besuchen Sie uns im Internet:

http://www.grin.com/

http://www.facebook.com/grincom

http://www.twitter.com/grin_com

Technische Universität Dresden
Fakultät für Erziehungswissenschaften
Institut für Berufspädagogik

Wissenschaftliche Abschlußarbeit
im Ergänzungsstudium
Berufliche Bildung/Berufliche Erwachsenenbildung

Thema:
Didaktisch-methodisches Vorgehen im Praktikum „Instrumentelle Analytik" für PharmaziestudentInnen zur Herausbildung von Fähigkeiten und Fertigkeiten in der HPLC-Analytik

vorgelegt von:
Diplom-Biochemikerin
Sylvia Kaap

GLIEDERUNG

Abkürzungsverzeichnis

AAppO	Approbationsordnung für Apotheker
AB	Arzneibuch
AM	Arzneimittel
DAB	Deutsches Arzneibuch
DC	Dünnschichtchromatographie, ein physikalisch-chemisches Analyseverfahren
EAB	Europäisches Arzneibuch
GC	Gaschromatographie, ein physikalisch-chemisches Analyseverfahren
HPLC	Hochdruckflüssigkeitschromatographie, ein physikalisch-chemisches Analyseverfahren
HRG	Hochschulrahmengesetz
IR	Infrarotspektroskopie, ein physikalisch-chemisches Analyseverfahren
MeOH	Methanol
MS	Massenspektroskopie, ein physikalisch-chemisches Analyseverfahren
NMR	Kernspinresonanzspektroskopie, ein physikalisch-chemisches Analyseverfahren
POL	problemorientiertes Lernen
SHG	Sächsisches Hochschulgesetz
UV	Spektroskopie im ultravioletten Lichtbereich, ein physikalisch-chemisches Analyseverfahren

„Die deutschen Universitäten sind der Stolz unserer Nation, unvergänglich scheint uns ihr Glanz, ... und doch beginnen seit einiger Zeit Schatten aufzusteigen, die uns um die Wahrung des alten Glanzes ernstlich besorgt machen müssen, so viel auch gerade neuerdings für die äußere Ausstattung des akademischen Unterrichts gethan wird ... Ist vielleicht der Universitätsunterricht selber verbesserungswürdig?" (BERNHEIM 1898)

1 Vorbemerkungen

Wie die eingangs zitierten Zeilen von BERNHEIM belegen sollen, war auch schon vor mehr als 100 Jahren eine Unzufriedenheit mit der universitären Lehrqualität vorhanden. Dieser Problemkreis ist auch heute noch aktuell. Zudem gewinnt er im Rahmen von Plänen zum Stellenabbau an den Universitäten und der damit einhergehenden Evaluation zusätzlich an Bedeutung. An moderner technischer Ausstattung mangelt es an deutschen Universitäten nicht; viele neue, zeitgemäße Forschungsstätten sind in den letzten Jahren entstanden. Die Qualität der Lehre läßt dennoch zu wünschen übrig: es existiert ein Mangel an guten pädagogischen Konzepten für universitäre Lehrveranstaltungen, insbesondere in den Naturwissensschaften. Eine mögliche Erklärungsgrundlage stellt die größtenteils fehlende pädagogische Ausbildung akademischer Lehrkräfte in diesem Wissenschaftszweig dar. Neben der hohen Betreuungslast tragen verschiedene andere Bedingungen zusätzlich zur Demotivierung der Lehrenden bei. Die verbreitete rezeptive Lehrform ist für die Vermittlung zukünftiger Berufsanforderungen nur ungenügend geeignet. Daraus ergibt sich die Notwendigkeit praxisorientierte, sowie leicht handhabbare Konzepte zu entwickeln, die diesen besonderen Bedingungen an den Hochschulen gerecht werden können.
In der vorliegenden Arbeit soll ein Baustein für eine verbesserte Lehre und zukunftsorientierte Ausbildung der Studenten, speziell im Praktikum des Pharmaziestudiums entwickelt werden.

Anmerkungen:
Grundsätzlich soll in der bearbeiteten Thematik die Interaktion zwischen Lehrendem und Lernendem im Mittelpunkt stehen. Nicht immer werden diese Personen in den zahlreichen, zitierten Veröffentlichungen, welche z.T. auch aus der Berufsausbildung (und nicht aus der Hochschuldidaktik) stammen, so bezeichnet. Deshalb gelten synonym für Lehrende auch die Begriffe Lehrer, Lehrkraft, Pädagogen und Praktikumsleiter bzw. für Lernende werden die Begriffe Schüler, Studenten, Lehrlinge sowie Auszubildende eingesetzt.

Grammatisch maskuline Personenbezeichnungen in dieser Arbeit gelten ebenso für Personen weiblichen Geschlechts.

2 Die Problematik der Gestaltung von Praktika in der Ausbildung von Pharmaziestudenten

2.1 Zur Funktion von Praktika im Pharmaziestudium

Lehre und Forschung sind die Hauptaufgaben der Hochschule. Zur Lehrverpflichtung heißt es in § 7 des Hochschulrahmengesetz (HRG): „Lehre und Studium sollen den Studenten auf ein berufliches Tätigkeitsfeld vorbereiten und ihm die dafür erforderlichen fachlichen Kenntnisse, Fähigkeiten und Methoden ... vermitteln ... ."

Die Lehrveranstaltungen an Hochschulen und Universitäten können in verschiedenen Formen durchgeführt werden. Neben Vorlesungen existieren Seminare, Übungen, Exkursionen und Praktikumsveranstaltungen. Während Vorlesungen die Aufgabe haben, theoretisches Wissen in Form von Lehrvorträgen zu vermitteln, wird in Seminaren und Übungen ein größeres Augenmerk auf die Aneignung von theoretischem Wissen durch ein gelenktes Gespräch oder auch Gruppenarbeit gelegt. Exkursionen dienen als Anschauungsunterricht außerhalb der Hochschule.

Laut Studienordnung des Studiengangs Pharmazie an der Universität Leipzig ist die Funktion von Praktika folgendermaßen definiert: „Erwerb ... von Kenntnissen durch Bearbeitung praktischer und experimenteller Aufgaben im Zusammenhang mit der Erarbeitung wissenschaftlicher Grundlagen, Erkenntnissen und Methoden. Eine praktische Lehrveranstaltung gliedert sich in einen praktischen und einen theoretischen Teil." D.h. es werden praktische Aufgabenstellungen zur Erarbeitung von Methoden genutzt; Praktika sollen also zur Aneignung von praktischen Fähigkeiten und Fertigkeiten dienen, die verbunden mit theoretischen Kenntnissen und Erkenntnissen vermittelt werden. Dem letztgenannten Aspekt trägt besonders die Tatsache Rechnung, daß auch praktische Lehrveranstaltungen einen theoretischen Teil enthalten sollen. Dieser sollte jedoch nur eine kurze theoretische Einführung sein und stellt keinesfalls den Ersatz für die dazugehörige Vorlesung/Seminar dar. Deshalb ist es unbedingte Voraussetzung, daß thematisch verbundene Vorlesungen zu den jeweiligen Praktikumsveranstaltungen zeitlich korrelieren.

Das Pharmaziestudium in Deutschland (vgl. Approbationsordnung; AAppO) gliedert sich analog zu Berufsausbildungen im Dualen System in 3 Stufen. Die fünfjährige Ausbildung umfaßt ein jeweils zweijähriges Grund- und Hauptstudium sowie eine einjährige außeruniversitäre Stufe. Dementsprechend dienen die Lehrveranstaltungen der ersten Stufe mehr zur Vermittlung von Grundkenntnissen bzw. Fähigkeiten im Praktikum. Darauf aufbauend zielt das Hauptstudium auf die Ausbildung von Erkenntnissen in den theoretisch orientierten Lehrveranstaltungen und Fertigkeiten in den Praktika ab. In der letzten außeruniversitären Phase steht die Ausbildung der beruflichen Handlungskompetenz im Vordergrund, so daß die Absolventen ausreichend für eine berufliche Tätigkeit in der öffentlichen Apotheke, der Krankenhausapotheke oder in der Industrie, vorbereitet sind. Aber auch die universitäre Ausbildung, also die Veranstaltungen im Grund- und Hauptstudium, sollen schon einen „ ... Bezug zur Praxis ...", herstellen (§ 8, Sächsisches Hochschulgesetz - SHG).

Zusammenfassend kann gesagt werden, daß die Funktion von Praktika im Pharmaziestudium in der Herausbildung von praktischen, theoretisch untermauerten Fähigkeiten und Fertigkeiten besteht, die zum Bestehen von Prüfungsleistungen befähigen und damit zur Erlangung praxisorientierter, beruflicher Handlungskompetenz führen.

2.2 Probleme bei der Gestaltung der Praktika im Pharmaziestudium

2.2.1 Pädagogische Ausbildung und Motivation der akademischen Lehrkräfte

Obwohl Lehre und Forschung als gleichberechtigte Aufgaben der Hochschulen definiert sind, ist ein problemlos-funktionierender Ablauf von Lehrveranstaltungen immer noch das Idealbild universitärer Lehre. Für die Mitarbeiter ist die Lehre nur ein Segment ihrer wissenschaftlichen Aktivitäten; ihr beruflicher Werdegang ist primär vom Erbringen wissenschaftlicher Forschungsleistungen abhängig. Zudem spielt eine pädagogische Ausbildung innerhalb des Studiums bis zur Erlangung einer universitären Lehrbefugnis, der Habilitation, keine Rolle. Ein naturwissenschaftliches Hochschulstudium, wie z.B. das Pharmaziestudium umfaßt keine pädagogischen Inhalte. Selbst innerhalb des Habilitationsverfahrens reicht eine Probevorlesung zur Erlangung der Lehrerlaubnis aus. Habilitation und Lehrbefugnis für eine Universität werden zwar letztendlich getrennt vergeben, der Aufwand für die fachliche Qualifizierung ist jedoch ungleich höher, als für die Anerkennung der pädagogischen Eignung. Lt. § 8 SHG sollen „ ... Formen der Lehre und des Studiums ... den methodischen und didaktischen Erkenntnissen entsprechen ...", das heißt nicht, daß die Universität zur höheren Lehranstalt mutieren sollte, sondern Forschung UND Lehre als gleichberechtigte Aufgabenbereiche gelten, über die sich Universität definiert.

Demgegenüber steht noch die traurige Tatsache, daß die Hochschulmitarbeiter ihr pädagogisches Defizit mitunter nicht erkennen. So hat z.B. eine Umfrage an österreichischen Hochschulen ergeben (LEITNER 1993 S. 59), daß Probleme in der Lehre in folgenden ausgewählten Bereichen gesehen werden: „Strukturelle Gestaltung und Form der Lehrveranstaltungen", d.h. z.B. „Arbeit in z.T. sehr lauten Räumen", „Arbeit ... an gefährlichen Geräten", „Vor- und Nachteile von Blocklehrveranstaltungen", „Aufbereitung des Lehrstoffes" oder „Rhetorikprobleme", „methodisch-didaktische Fragen spezifischer Details einzelner Lehrformen und –veranstaltungen". Daran läßt sich erkennen, daß vermutlich kein Bedarf an einer Einführung in die allgemeine Didaktik besteht, kein Mangel an pädagogischen Konzepten erkannt wurde und es damit überhaupt schwer sein dürfte, didaktische Konzepte einzuführen.

Obwohl nur Habilitierte eine pädagogische Eignung nachweisen müssen, werden Praktika zum überwiegenden Teil von Nichthabilitierten durchgeführt. Meistens ist dies der Job der Mittelbauvertreter oder Doktoranden. Die letztgenannten belastet dieses zusätzlich zur wissenschaftlichen Arbeit und erscheint bei Nichteinschlagen der Hochschullaufbahn nutzlos und lästig. So ist auch verständlich, daß Dienstleistungen oder auch Forschungsaufträge dieser Lehrkräfte in die Praktika integriert werden sollen. Solche Forschungspraktika sind mitunter didaktisch sehr schwer zu planen, da die Aufgaben nicht immer klar formuliert werden.

Ohne pädagogische Ausbildung werden sich Lehrkräfte zunächst an dem orientieren, was sie selber im eigenen Studium erlebt haben und diese Vermittlungsform als normal ansehen. Oder wie TÜMMERS (1980, S. 50) schreibt: „Problemorientierter Unterricht wird von Ausbildern ... eher realisiert werden, wenn sie dies ... bereits im Studium durch eigenes problemlösendes Denken und Lernen erfahren ." Die obengenannte Bestrebung Forschungsaufgaben ins Praktikum einzubeziehen, bietet die Möglichkeit, einem problemorientierten Ansatz Rechnung zu tragen. Jedoch wird damit den zumeist älteren Lehrbeauftragten auch die Sicherheit der rezeptiven Vermittlungsform genommen. Das stellt einen Grund dafür dar, warum auch in Praktika an Hochschulen immer noch diese Darbietungsform vorherrscht. Im Gegensatz dazu sind problemorientierte Ansätze praxisorientiert, da sie die These unterstützen, daß Fachwissen allein in der heutigen Berufswelt nicht ausreicht, sondern auch Problemlösefähigkeiten wichtig sind. Dazu finden sich leider nur vereinzelte Konzepte an Universitäten, so z.B. Fallstudien und Planspiele in den Wirtschaftswissenschaften, der Medizin, der Juristik und sogar der Pharmazie (vgl. FREIMANN und SCHWADERLAPP 1994; PFAFF 1997; HÖLSCHER 2000). Auf weitere Vor- und Nachteile der Gestaltungsformen soll später noch eingegangen werden.

Auf motivationaler Ebene ist an erster Stelle der hohe Lehr- und Betreuungsaufwand der Lehrkräfte durch große Studentenzahlen zu berücksichtigen. Ein vereinfachtes Rechenbeispiel soll dies anhand eines fiktiven Pharmazieinstituts exemplarisch belegen.

Derzeit können bis zu 50 Studenten in einem Jahrgang Pharmazie studieren. In 4 Jahrgängen heißt das eine Studentenanzahl von 200. 15 festangestellte Mitarbeiter mit einer wöchentlichen Arbeitszeit von 40 h sind am Institut für Pharmazie derzeit beschäftigt. Geht man vereinfacht davon aus, daß jeder davon 12 h[1] Lehre ableisten muß, so ergeben sich 180 h an Lehre, die vergeben werden können. Im Pharmaziestudium ist die durchschnittliche wöchentliche Studienzeit mit 31 h festgelegt, d.h. für alle Studenten ist ein Lehrkontingent von 31 h x 4 Jahrgänge x 200 Studenten zu erbringen, also ca. 25.000 h. Diese 25.000 h verteilen sich auf das oben ermittelte Lehrdeputat der Mitarbeiter von 180 h. Das entspricht einem Schlüssel von ca. 140 Studenten pro einem Mitarbeiter. Dieser Schlüssel kann sich in zwei Hinsichten verändern: zum einen wird er besser, wenn man davon ausgeht, daß es Lehrveranstaltungen gibt, in denen 1 Mitarbeiter mehr als 50 Studenten betreut (z.B. Vorlesungen) oder berücksichtigt wird, daß nicht alle Veranstaltungen von den Mitarbeitern des Institutes, sondern auch von Mitarbeitern anderer Institute der Fakultät durchgeführt werden. Grundsätzlich ist der Lehrimport am Institut aber kleiner als der Lehrexport, so daß sich der Schlüssel von Student pro Lehrpersonal letztendlich sogar verschlechtert.

Außerdem stehen dem Institut noch weitere Mitarbeiter, wie z.B. Projektmitarbeiter und Doktoranden zur Verfügung. Dabei sind hier die ausschließlich aus Projekten, Stipendien oder auch als wissenschaftliche Hilfskräfte beschäftigen Mitarbeiter gemeint, die kein Lehrdeputat abzuleisten haben. Zur Zeit beträgt die Anzahl dieser Mitarbeiter ca. 20. Diese sind ausschließlich in Praktika beschäftigt. Nimmt man für diese vereinfacht jeweils 16 h Lehre an, ergibt sich ein zusätzliches Potential von 320 h. Das Gesamtlehrdeputat erhöht sich dann auf 500 h für alle Studenten und der Schlüssel von Student pro Lehrer verbessert sich auf 50:1. In der Gruppe dieser Mitarbeiter finden sich aber z.T. Doktoranden, die ausschließlich mit der Erarbeitung ihrer Dissertation beschäftigt sein sollten. Dementsprechend sollten sie eigentlich als „Tüpfel auf dem i“ bzw. als Feuerwehr in Notsituationen gesehen werden.

Negativ auf den Lehr-Schlüssel wirken sich auch Praktikumsveranstaltungen, wie z.B. das Praktikum „Instrumentelle Analytik“, aus, da hier ein Schlüssel von 3:1 nötig ist, um die Inhalte zu vermitteln. Praktika sind außerdem *per se* betreuungsintensiver als Vorlesungen.

[1] Bei Annahme von 8 h Lehrbelastung pro Woche, Vorlesung mit Faktor 1; Praktikum mit Faktor 0,5 gewertet, sowie Annahme, das 50% der Lehre Praktikumsveranstaltungen sind. Also (8 h) + (2 * 8 h) = 24 h : 2 = 12 h

Nimmt man auch hier vereinfacht an, daß sich Vorlesungsbetreuung (>50:1) gegen ausgewählte Praktika (3:1) gegenseitig beeinflussen, scheint der ermittelte Schlüssel von 50:1 realistisch.
Er gilt für die Vorlesungszeit unter Einbeziehung aller am Institut für Pharmazie angestellten Mitarbeiter.

2.2.2 Andere Bedingungen für die Durchführung von Praktika

Wie bereits schon angeklungen ist, unterscheidet man zwei mögliche Formen von Praktika: Großpraktika und Gruppenpraktika. - Wenn sich Studenten zur gleichen Zeit im selben Praktikumsabschnitt und damit meistens im selben Arbeitsraum befinden, handelt es sich um ein *Großpraktikum*. Dabei gibt es in der Regel einen Praktikumsleiter, der von Praktikumshelfern unterstützt wird. Diese Form wird gewählt, wenn Grundtechniken, wie z.B. die anorganische Analytik oder die organische Synthese Inhalte dieser Veranstaltung sind.
Im *Gruppenpraktikum* werden die Studenten in Arbeitsgruppen von bis zu 4 Teilnehmern eingeteilt. Alle Gruppen absolvieren den gleichen Praktikumsabschnitt, aber in zeitlich versetzter Form. Dabei gibt es in der Regel auch verschiedene Veranstaltungsorte. So werden im Praktikum „Instrumentelle Analytik" verschiedene analytische Techniken direkt an den Routinearbeitsplätzen der Mitarbeiter durchgeführt, da die Geräte oftmals sehr teuer sind und nicht separat für das Praktikum angeschafft werden können. So wird dann der Routinearbeitsplatz zum Praktikumsplatz der Studenten; nicht jeder Arbeitsplatz ist dazu ohne weiteres geeignet. Allerdings überwiegt der Vorteil der Praxisorientierung durch die direkte Tätigkeit am potentiellen Arbeitsplatz. Trotzdem sollte nicht unerwähnt bleiben, daß dieser Arbeitsplatz nur für den geringsten Teil der Studenten der spätere Arbeitsplatz sein dürfte. Die meisten Absolventen sind in einer öffentlichen Apotheke beschäftigt. Zur Vertiefung der theoretischen Grundlagen für die Anwendung in der täglichen Praxis als Apotheker sind diese Veranstaltungen dennoch gut geeignet.
Auch im Gruppenpraktikum ist der Praktikumsleiter verantwortlich für die Einteilung und den Inhalt der Abschnitte. Die einzelnen Praktikumsabschnitte werden allerdings relativ eigenverantwortlich von den jeweiligen Mitarbeitern durchgeführt. Es liegt auf der Hand, daß diese Form von vornherein eines höheren, nicht nur personellen Aufwandes bedarf. Deshalb wird diese Form weitgehend vermieden, da, so führt LEITNER (1993 S. 58) aus: „Teilen der Studenten in kleine Arbeitsgruppen erhöht den Praktikumsaufwand und führt zur mehrfachen Wiederholung des Stoffes und damit zur Ermüdung des Lehrpersonals bzw. zur

Nachlässigkeit des Vorführenden. ... Projektstudium (als Form von POL, Anm. d. Verf.) wird von Lehrkräften gefürchtet wegen des drastisch erhöhten Betreuungsaufwandes." Er betont aber gleichzeitig: „Massenveranstaltungen sind unbefriedigend für die Teilnehmer." Insgesamt betrachtet sind Gruppenpraktika bei ausreichender personeller Kapazität die anzustrebende Veranstaltungsform.

Daneben spielen noch andere Faktoren eine Rolle, so z.B. daß Vorlesung und Praktikum nicht miteinander korrelieren. Hier liegen die Ursachen oft in den Studienplänen oder aber auch darin, daß die Reihenfolge der Vorlesungsthemen nicht der Reihenfolge im Praktikum entspricht. Bessere Abstimmung ist hier notwendig und sinnvoll.

Aber auch das Problem der fehlenden Kontrolle bzw. der Bewertung und Leistungsbeurteilung stellt sich. In Vorlesungen gibt es Klausuren, in Großpraktika, wie der quantitativen anorganischen Analyse können Gehaltsermittlungen von Arzneistoffen bewertet werden. Wie aber sollte eine Bewertung in einem problemorientierten Praktikum ausssehen? In jedem Fall sollte den Studenten zu Ende der Veranstaltung ein Feedback gegeben werden. Ein Bestehen des Abschnittes kann so z.B. durch ein Abschlußgespräch oder die Anfertigung eines Protokolls erfolgen.

Abschließend kann zusammengefaßt werden, daß die dargestellte Problematik erkennen läßt, daß nicht alle Bedingungen geeignet sind, um die Funktion der Praktika optimal zu erfüllen. Jedoch wirkt die oben dargestellte hohe Betreuungs- und Lehrbelastung nicht motivierend auf die Erstellung neuer Konzepte durch die Lehrkräfte. Gerade deshalb sind praxistaugliche Konzepte gefragt, die Lehrbeauftragte unter den genannten Bedingungen pädagogisch handlungsfähig machen können. Es mangelt gerade an praktikablen Lösungen für eine praxisnahe, problemorientierte Lehre. Einen Beitrag für die Durchführung von Praktikumsveranstaltungen innerhalb des Pharmaziestudium soll diese Arbeit liefern.

2.3 Fragestellungen zur Gestaltung solcher Praktika

Aus der dargestellten Problematik ergeben sich folgende Fragestellungen:

- Was versteht man unter Fähigkeiten und Fertigkeiten?
- Welche Fähigkeiten und Fertigkeiten sollen in pharmazeutisch-chemischen Praktika, speziell im Praktikum „Instrumentelle Analytik"/ Teilgebiet HPLC-Analytik erworben werden?

- Welche Methoden zur Herausbildung von Fähigkeiten und Fertigkeiten im Praktikum gibt es?
- Welche Methode eignet sich besonders um Fähigkeiten und Fertigkeiten im Praktikum „Instrumentelle Analytik“ herauszubilden?
- Kann ein Konzept für den Teilabschnitt HPLC-Analytik dieses Praktikums entwickelt werden, das den besonderen Bedingungen im Pharmaziestudium gerecht wird?
- Ist dieses Konzept auch von pädagogisch gering qualifizierten Lehrkräften anwendbar bzw. auf andere Teilabschnitte leicht übertragbar?

2.4 Methodisches Vorgehen

Die oben gestellten Fragen sollen unter folgender Vorgehensweise beantwortet werden:

1. Klärung der Begriffe Fähigkeit und Fertigkeit unter Einbeziehung des didaktischen Modells nach HEIMANN und Nutzung von Definitionen aus der Arbeitspsychologie.
2. Erläuterungen zu didaktischen Konzepten für das Praktikum.
3. Vergleich verschiedener problemorientierter Ansätze und Fokussierung auf ein Konzept nach TÜMMERS (A-V-EB-E-Konzept).
4. Erstellung und Bewertung einer Unterrichtsverlaufsplanung nach diesem Konzept.

3 Methoden zur Herausbildung von Fähigkeiten und Fertigkeiten im Praktikum

3.1 Begriffe: Fähigkeit, Fertigkeit

3.1.1 Intentionalität von Fähigkeiten und Fertigkeiten

Zunächst soll geklärt werden, inwieweit die Absicht des Lehrenden, Fähigkeiten und Fertigkeiten im Unterricht zu vermitteln, in der Unterrichtsplanung berücksichtigt werden kann. Dazu soll ein didaktisches Modell nach HEIMANN, das als Lerntheoretische Didaktik bezeichnet wird, herangezogen werden. Den Mittelpunkt dieses Modells bildet die sogenannte Strukturanalyse des Unterrichts. Dabei werden vier Entscheidungs- und zwei Bedingungsfelder unterschieden (siehe Abbildung 1).

Unter Entscheidungsfeldern sollen dabei die Komponenten verstanden werden, die bei der Planung des Unterrichts berücksichtigt werden bzw. über die der Lehrende eine *Entscheidung* fällen muß, verstanden werden. Das Entscheidungsfeld der Intentionalität soll im folgenden näher betrachtet werden. Darunter versteht HEIMANN (1976, S. 122) die pädagogischen

Absichten, die im Unterricht verfolgt werden sollen oder auch die Antwort auf die Frage „Was beabsichtigt der Lehrer eigentlich in seinem Unterricht?“. Diese Intentionen können nach einer bestimmten Weise geordnet werden.

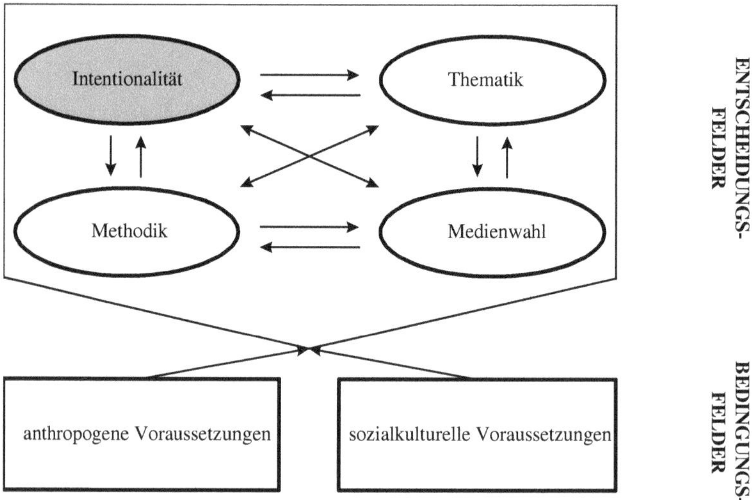

Abb.1: Anordnung und Beziehungen der Entscheidungs- und Bedingungsfelder in der Lerntheoretischen Didaktik (nach JANK und MEYER 1997, S. 193). Graue Markierung zur besseren Hervorhebung, des im weiteren wichtigen Entscheidungsfeldes nach Ansicht der Autorin.

Dabei unterscheidet er (HEIMANN 1976, S. 125) verschiedene, anthropologisch begründbare Dimensionen:

1. pragmatisch-dynamische Absichten (auf das Handeln gerichtet)
2. kognitiv-aktive Absichten (auf das Denken bezogen)
3. pathisch-affektive Absichten (auf das Fühlen bezogen).

HEIMANN (vgl. 1976, S. 128) führt weiter aus, daß diese Dimensionen stärker oder schwächer, d.h. also in verschiedenen Qualitätsstufen, verwirklicht werden können. Jeder der drei Dimensionen werden jeweils vier Stufen zugeordnet, so daß sich ein „Ordnungsmodell“ in Form eines Dreiecks ergibt (siehe Abbildung 2).

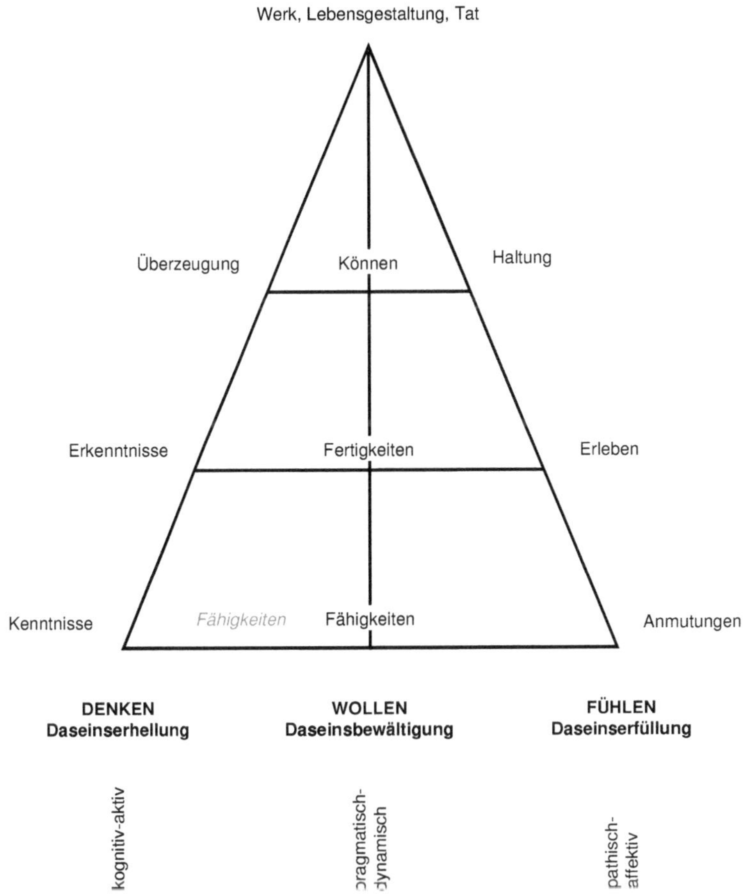

Abb. 2: Modell zu den Stufen und Dimensionen der Intentionalität nach HEIMANN (1976, S.125). Kursiv und in grauer Schrift eingeführt die Einordnung der Fähigkeiten in dieses Schema unter Berücksichtigung der Definition nach HACKER (1980, S. 305) siehe auch 3.1.2.

HEIMANN (1976, S. 127) erläutert in diesem Zusammenhang auch die wichtigsten Gesichtspunkte zum Schema aus Abbildung 2. Er weist zunächst darauf hin, daß „ ... diese drei Dimensionen immer in engster Verflechtung auftreten.“ D.h. keine dieser Dimension kann isoliert vermittelt werden, aber so HEIMANN (1976) weiter: „ ... muß der Lehrer wissen, welche dieser Dimensionen jetzt gerade schwerpunktmäßig ... aktualisiert wird." Das letztgenannte bezeichnet HEIMANN (1976, S. 139) als Gesetz der permanenten Induktion. Dies formulieren JANK und MEYER (1997, S. 207) folgendermaßen: „Kein Unterrichtsinhalt kann nur in einer einzigen Dimension bearbeitet werden. Vielmehr durchdringen sich ... Fertigkeiten, Kenntnisse usw. ... sie induzieren einander." Neben der Dimension sollte sich der Lehrende auch darüber im Klaren sein, auf welcher Stufe er den jeweiligen Gegenstand zum Inhalt machen will; HEIMANN (1976, S. 137f.) formuliert dies als Gesetz der dimensionalen Bereicherung.

HEIMANN (vgl. 1976, S. 123) betont, daß Lernen eine Form des Handelns ist, der Lernende selbst ein Handelnder. „Deshalb sei die Dimension, die mit dem Antrieb zum Handeln verbunden ist, die wichtigste ... , die pragmatisch-dynamische ... ." (JANK und MEYER 1997, S. 205). Schon bei der Planung des Unterrichts sollte sich der Lehrende darüber bewußt sein, welche Dimension und Stufe er ansprechen will. Zur Einordnung kann das Schema aus Abbildung 2 verwendet werden. In der vorliegenden Arbeit wird beabsichtigt, Fähigkeiten und Fertigkeiten in der HPLC-Analytik zu vermitteln. Was aber versteht man unter Fähigkeiten und Fertigkeiten?

3.1.2 Begrifflichkeiten

Der Begriff *Fähigkeit* ist zunächst doppeldeutig: man kann zum einen „ ... das totale Entwickeltsein eines Menschen ..." darunter verstehen, aber auch den Anfang des Könnens, so HEIMANN (1976, S. 134). Beide Begriffe, sowohl Fähigkeit, als auch Fertigkeit gehören danach in die wichtigste Dimension, die pragmatisch-dynamische. Vergleicht man diese Begriffsformulierung mit der nach HACKER (1980, S. 305), nämlich: „Fähigkeiten sind in der Lebensgeschichte entstandene komplexe Eigenschaften, die das Ausführen von Tätigkeiten ermöglichen. Sie stellen verfestigte Systeme verallgemeinerter psychischer Prozesse dar, die den Tätigkeitsvollzug steuern." und „Fähigkeiten betreffen hauptsächlich kognitive ... intellektuelle (gedanklich analysierende und synthetisierende) Vorgänge."; so stellt man Unterschiede fest. Dementsprechend wird in Abbildung 2 versucht, die Fähigkeiten (kursiv und in grauer Schrift) danach einzuordnen, womit der kognitive Aspekt der Fähigkeit stärker betont wird.

Eine *Fertigkeit* kann nach HEIMANN (vgl. 1976, S. 135) zunächst als gesteigerte Fähigkeit, eben deren höhere Qualitätsstufe, aufgefaßt werden. Sie unterscheiden sich also im Grad der

Bewältigung. HACKER (1998, S. 655) definiert eine Fertigkeit als „durch *Übung* [im Gegensatz zur Fähigkeit (Anm. d. Verf.)] automatisierte Komponenten von Tätigkeiten“ und versteht Automatisierung im Sinne von Ausführung die ohne bewußte Führung und Kontrolle möglich ist. HÄCKER und STAPF (1998, S. 282) unterteilen Fertigkeiten in sensomotorische (z.B. Radfahren), kognitiv (z.B. Kopfrechnen) und kognitiv motorische (z.B. Musizieren).

RUBINSTEJN (1962, S. 266) unterscheidet Fähigkeit und Fertigkeit folgendermaßen: „Im Unterschied zu den Fertigkeiten sind die Fähigkeiten nicht das Ergebnis der Festigung von Operationen, sondern von psychischen Prozessen (von ‘Tätigkeiten’), durch die Handlungen und Tätigkeiten reguliert werden.“. Als kompliziert erweist sich m.E., daß der Begriff Tätigkeit in zwei verschiedenen Bedeutungen verwendet wird: 1. Tätigkeit im Sinne von psychischen, kognitiven Prozessen und 2. Tätigkeit im Sinne von motorischer Handlung.

Wenn in dieser Arbeit von der Herausbildung von Fähigkeiten und Fertigkeiten die Rede ist, soll darunter verstanden werden, daß Studenten bestimmte Teilbereiche von kognitiven Bewältigungstechniken ausführen (Fähigkeit) bzw. auch motorisch teilweise oder vollständig beherrschen können (Fertigkeit).

3.2 Didaktische Konzepte für das Praktikum

3.2.1 Vorbemerkungen

Es existieren zahlreiche didaktische Konzepte für die Gestaltung von Praktika. Hier soll vereinfacht von zwei Arten an Konzepten ausgegangen werden: rezeptives und problemorientiertes Lernen. Diese Lernformen sind in der Unterrichtswirklichkeit von Praktikumsveranstaltungen in der Regel vermischt zu beobachten (vgl. BRUNKOW, S. 180). Dennoch wird eine dieser Formen schwerpunktmäßige Vermittlungsmethode sein. Im folgenden soll deshalb vereinfacht von rezeptiven und problemorientierte Konzepten gesprochen werden. Die meisten Praktika werden immer noch in einem rezeptiven Stil, also Vormachen und Nachmachen durchgeführt. Ein Paradebeispiel dafür ist die 4-Stufen-Methode. Demgegenüber stehen verschiedene problemorientierte Ansätze, die zunächst nicht näher differenziert werden sollen. Die eigentliche Unterrichtsverlaufsplanung wurde im Anschluß an die theoretische Betrachtung nach einem Konzept von TÜMMERS (1980, S. 36ff.) erstellt. Problemorientierte Erarbeitung meint vom Grundsatz her, daß die Schüler weniger durch berufmotorische Demonstrationen zum rezeptartigen Nachvollzug angeregt, sondern eher indirekt zum Suchen individueller Wege angeregt werden.

In einem Zitat nach BATYSCHEW (1975, S. 144) findet man folgende Aussage: „Bei einigen Pädagogen hat sich die irrtümliche Ansicht herausgebildet, daß Kenntnisse nur dann richtig erworben werden, wenn die Lehrlinge im Unterricht dazu angehalten werden, den Lehrstoff in der Form wiederzugeben, wie ihn der Lehrer darlegte. Solche Unterrichtsmethoden, bei denen die anzueignenden Kenntnisse in fertiger Form vorgesetzt werden, ... , wecken bei den Lehrlingen oft nicht das tiefe Interesse, daß bei selbständigem Lernen den Aneignungsprozeß begünstigt." BATYSCHEW meint mit „in fertiger Form" die Art des rezeptiven Lernens und m.E. kann sein Begriff von „Kenntnissen" hier auch synonym für Fähigkeiten und Fertigkeiten in Praktikumsveranstaltungen verwendet werden. Dann verändert sich die Aussage dieses Zitats dahin, daß rezeptives Lernen nicht besonders zur Herausbildung von Fähigkeiten und Fertigkeiten geeignet scheint.

Sind problemorientierte Ansätze in besserem Maße geeignet, Fähigkeiten und Fertigkeiten im Praktikum herauszubilden? Dazu muß zunächst der Frage nachgegangen werden, welche Vor- und Nachteile problemorientiertes Lernen (POL) gegenüber rezeptiven Lernen, der noch vorherrschenden Gestaltungsform hat.

Als nachteilig wird für POL immer noch der geringfügig höhere Zeitaufwand im Vergleich zu rezeptiven Vermittlungsformen genannt (vgl. BRUNKOW, S. 185). In diesem Vergleich stellt RIEDEL (1951, S. 19) aber fest: „Die falsche Vorstellung besteht darin, daß man glaubt, der Mensch könne Erfahrungen vom anderen wie eine Sache übernehmen, man brauche sie ihm also nur darzubieten." TÜMMERS (1980, S. 5) formuliert den Vorteil von POL gegenüber rezeptivem Lernen, daß die Möglichkeit besteht, „ ... stärker die allgemeine kognitive Entwicklung zu fördern sowie intrinsische Motivationen, Behaltensleistungen und Wünsche nach Aufbau eigener Erkenntniskompetenz zu steigern." Als weitere Begründung für die Förderung problemorientierter Ansätze in Lehrveranstaltungen nennt er „... die funktionsorientierte Notwendigkeit problemlösenden Denkens für die Bewältigung und Gestaltung der gegenwärtigen und zukünftigen beruflichen, gesellschaftlichen und privaten Situation." Insbesondere nennt er hier berufliche Variabilität und Mobilität als Anforderungen, denen zukünftige Arbeitnehmer gewachsen sein sollten. In einem Satz könnte man auch formulieren: Fachwissen allein reicht nicht aus! Neben notwendigen fachlichen Qualifikationen fordern Arbeitgeber zunehmend problemorientiertes Denkvermögen und soziale Kompetenz von den zukünftigen Mitarbeitern. POL ist deshalb in besonderen Maße geeignet, Selbständigkeit und damit auch die geforderte Variabiliät und Mobilität, zu erlangen (siehe Abbildung 3). In einer Handlung, die sich in fünf Vorgänge gliedert, kann eine

Handlungsregulation nur erfolgen, wenn die Schritte Entwerfen und Entscheiden nicht wie beim rezeptiven Lernen übernommen, sondern wie bei POL selbständig ausgeführt werden (siehe Abbildung 3).

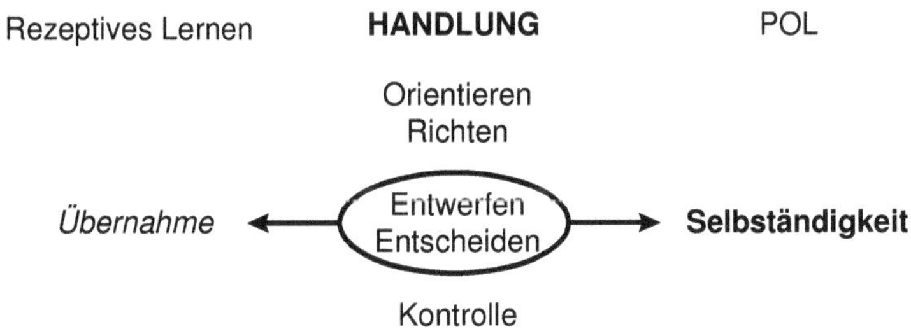

Abb. 3: Schematische Darstellung, daß POL im Gegensatz zum rezeptiven Lernen zur Ausbildung von Selbständigkeit führt, dadurch, daß Entwerfen und Entscheiden nicht übernommen werden.

Fähigkeiten und Fertigkeiten können also durch Vormachen und Nachmachen nur unverändert vom Lernenden *übernommen* werden. Sie können in besonderer Weise durch POL eine Handlungsregulation auslösen, die zur Selbständigkeit führt und damit auch mehr den zukünftigen Berufsanforderungen entsprechen.

Zusätzlich ist ein Vorteil von POL im Praktikum gegenüber theoriebetonten Lehrveranstaltungen, daß die Lösung praktisch überprüft werden kann: „Kennzeichnend für den berufspraktischen Unterricht ist dabei, daß das mentale Probehandeln verlassen und ein konkretes arbeitsmotorisches (Probe)Handeln möglich wird, d.h. die Schüler können Lösungsansätze konkret motorisch überprüfen und damit selektieren.“ (BRUNER 1973, S. 17).

3.2.2 Problemorientiertes Lernen (POL) und problemorientierte Ansätze

3.2.2.1 Zum Begriff Problem

Da man unter POL „Lernen, bei dem Problemerkennungs- und Problemlösungsstrukturen die tragenden Momente sind “ versteht (HORTSCH 1998, S. 26), soll zunächst der Begriff Problem anhand von Literaturzitaten näher definiert werden.

Nach RIEDEL (1977, S. 65) liegt ein Problem dann vor, „... wenn eine Person ein Ziel erreichen will, ihr jedoch nicht jene Informationen und/oder Techniken bewußt sind, die zur Erreichung des Ziels notwendig sind. Die Person sieht sich ... einer Schwierigkeit gegenüber, für deren Überwindung die zur Zeit verfügbaren Informationen und/oder Techniken nicht ausreichen." Unter einem Problem kann in diesem Fall also ein bewußtgemachter Widerspruch zwischen den Anforderungen und der jeweils vorhandenen Kompetenz verstanden werden. SCHOLZ (1979, S. 274) nennt außerdem 5 Bestimmungsmerkmale für ein Problem, wie sie während des Problemlöseprozesses beim Problemlösenden auftreten:

„1. Subjektive Neuartigkeit.
2. Auftreten von Schwierigkeiten, Hindernissen beim Versuch der Lösung (Scheitern des ersten Versuches).
3. Motivation auf eine Lösung hin.
4. Kognitiver Konflikt, ein weitgehend durch subjektive Neuartigkeit bedingter, subjektiv empfundener Spannungszustand.
5. Inhaltskomponente eines jeden Problems (Probleminhalt)."

BÖNSCH (1987, S. 36f.) erweitert diese Aussagen noch. Die von SCHOLZ erwähnte subjektive Neuartigkeit grenzt er noch folgendermaßen ab: „ ... Ist oder scheint eine Anforderung dem Individuum/der Gruppe nur inhaltlich unbekannt, ist vom Problem noch nicht zu sprechen." D.h. der Lösungsweg muß *per se* unbekannte Determinanten in sich bergen, nicht die Aufgabenstellung an sich. Zur Inhaltskomponente ergänzt BÖNSCH: „Probleminhalt bedeutet mehr als ein Thema. Der Probleminhalt ist im Gegensatz zum Thema durch die Betroffenheit (die Problemempfindung) mit Qualitäten besetzt, die das Individuum/die Gruppe zur Auseinandersetzung drängen. D.h. daß an einem Thema, ... an einer Aufgabe ein Problem erkannt ist (Problemidentifikation)." Außerdem erwähnt BÖNSCH folgendes: „Persönliche Betroffenheit als Problemempfindung ist auf der Seite des Individuums/der Gruppe wichtig, um das Problem gegenüber der Aufgabe, die verordnet wird, abgrenzen zu können.".
BÖNSCH grenzt damit das durch Betroffenheit ausgelöste Problem von der verordneten Aufgabe ab, leider differenziert er es sprachlich nicht. Einen Zustand, der auch RIEDEL (1987, S. 70) beschäftigt. Er formuliert deshalb als Merkmale eines Problems gegenüber einer Aufgabe folgendermaßen: „Dem Lernenden fehlen Teil-Informationen (oder Teil-Techniken) ohne die er den Lösungsweg nicht entwickeln kann." Oder aber, wenn der Lernende über alle

nötigen Techniken und Infos verfügen sollte, trägt eine Aufgabe auch ein Problem in sich, wenn dem Lernenden „ ... aber zur Zeit der Zusammenhang gerade dieser Informationen und Techniken zum Lösungsweg nicht bewußt ...“ sind.
Eine Aufgabe mit didaktisch aufbereitetem Problem stellt die Problemsituation im eigentlichen Sinn dar. Innerhalb von POL wird der Lernende dazu veranlaßt (FUHRMANN 1976, S. 177) „ ... einen didaktisch aufbereiteten Erkenntnisprozeß zu durchlaufen, an dessen Abschluß er die für seine Allgemeinbildung neue Erkenntnis ... subjektiv neu erkennt.“ Um ein Problem didaktisch aufbereiteten zu können, sollen im folgenden Modelle zu Problemlöseprozessen dargestellt werden.

3.2.2.2 Problemlöseprozeß

Durch das Hineinstellen des Lernenden in eine Problemsituation wird bei diesem ein Problemlöseprozeß ausgelöst. Dieser kann als theoretisches Modell in verschiedene Stufen eingeteilt werden. Dazu finden sich in der Literatur zahlreiche Ansätze, diesen Prozeß konstrukthaft darzustellen.
So existiert z.B. nach BÖNSCH (1987, S. 36) ein einfaches, dreiphasiges Modell (siehe Tabelle 1). TÜMMERS (1980, S. 9ff.) wählte einen 5-stufigen Aufbau des Problemlöseprozesses. Dieser soll hier mit einem Modell nach KAISER (1976, S. 60ff.) für die Fallstudie und mit einem Konstrukt des Problemlöseprozesses nach PFAFF (1997, S. 7ff.), wie es sich im Pharmazie- und Medizinstudium etabliert hat, verglichen werden.

Tab. 1: Gegenüberstellung der Phasen verschiedener Modelle zum Problemlöseprozeß (nach BÖNSCH, TÜMMERS, KAISER bzw. PFAFF).

	BÖNSCH	TÜMMERS	KAISER	PFAFF
1	Problemerkennen	**Problemstellung**	Konfrontation	Begriffsklärung
2		**Strukturierung**	Information	Problemdefinition
				Brainstorming, Problemanalyse
				Zusammenfassung
3	Lösungsentwicklung	**Lösungssuche**	Exploration	Erstellung von Lernzielen
				Studium, Informations-sammlung
4	Lösungsfeststellung	**Lösungsprüfung**	Resolution	Präsentation
			Disputation	
5		**Lösungsbereitstellung**	Kollation	Evaluation

Das Modell nach TÜMMERS wurde als Bezugsgröße gewählt, da es sich um ein Modell aus der Berufsbildung handelt, daß relativ einfach ist, m.E. alle wesentlichen Schritte enthält und dafür brauchbare Unterrichtskonzepte existieren. Anhand dieses Modells soll eine Unterrichtsverlaufsplanung erfolgen. Zunächst sollen die einzelnen Schritte näher erläutert werden. In einem zusammenfassenden Vergleich soll dargestellt werden, daß die Phasen nach TÜMMERS ausreichend sind, um einen problemorientierten Unterricht zu planen.

3.2.2.3 POL nach TÜMMERS

3.2.2.3.1 Problemstellung

Die Problemstellung ist der Initialimpuls im Problemlöseprozeß. Sie wird durch „die Erfahrung eines Problems bzw. einer Schwierigkeit beim Lernenden ausgelöst." (TÜMMERS 1980, S. 10). Hier sei nochmals auf die Definition vom Begriff Problem unter 3.2.2.1 hingewiesen. Vergleicht man diesen ersten Schritt mit den Stufen nach KAISER bzw. PFAFF so ist hier zunächst eine Ähnlichkeit festzustellen: KAISER nennt es die Konfrontation mit einer Schwierigkeit. PFAFF erwähnt einen auch in der Problemstellung nicht zu unterschätzenden Schritt: die Begriffsklärung. Gerade in medizinisch und pharmazeutischen Fragestellungen können unbekannte Worte enthalten sein, die zum Verständnis der Aufgabe zunächst geklärt werden müssen.

TÜMMERS erwähnt für den ersten Schritt noch die Möglichkeit, daß der Problemlöseprozeß sowohl durch den Lehrer, als auch durch den Schüler initiiert werden kann. Das Erlebnis der Schwierigkeit sollte von einem „Gefühl des Unbehagens bzw. einer suchenden Unruhe" (TÜMMERS 1980, S. 10) begleitet sein, die die motivationale Ausgangssituation bilden. Diese sollte zur Beschäftigung mit der Schwierigkeit führen, kann aber auch vorschnelle Lösungen oder Verdrängungsmechanismen auslösen.

3.2.2.3.2 Problemstrukturierung

In dieser zweiten Phase wird mit der „eingehenden Bestimmung der Problemstruktur, der besonderen Eigenart der Schwierigkeit und Informationslücke begonnen."(TÜMMERS 1980, S. 10) Das ist nichts anderes als bei PFAFF, der diesen Schritt in Problemdefinition, Brainstorming mit anschließender Zusammenfassung also Problemformulierung gliedert. Insbesondere das Brainstorming dient zur Informationsbeschaffung und zum Abgrenzen der Informationslücke, was auch dem Schritt Information im Modell nach KAISER entspricht.

TÜMMERS (1980 S. 11) unterscheidet noch zwischen analytischem und produktivem Problemlösen, wobei bei näherer Betrachtungsweise auffällt, daß das analytische Problemlösen nur eine Aufgabenstellung, aber keine Problemstellung an sich enthält, da keine „subjektive Neuartigkeit bezüglich des Lösungsweges vorliegt." (KRAATZ 1988, S. 21). Im weiteren soll deshalb nur das produktiv problemlösende Denken berücksichtigt werden. Für dieses Denken ist in diesem Schritt eine als Umstrukturierung bezeichnete synthetische Problemstrukturierung vorgesehen.

3.2.2.3.3 Lösungssuche

Nach TÜMMERS (1980, S. 12) erfolgt in dieser Phase eine produktive Umstrukturierung, welche „ ... die Resonanzwirkung des umstrukturierten Suchmodells ... zur Entdeckung der produktiven Lösung durch die Einsicht in die 'strukturelle Wahrheit' ..." nutzt. Mit struktureller Wahrheit meint er dabei „ ... den Vorgang der Entdeckung subjektiv neuartiger, produktiver Lösungen ...“. Zur Lösungssuche kann auch die Entwicklung von Alternativen, also die Exploration genutzt werden. Auch das Modell nach PFAFF geht mit den anderen Modellen konform, hier gehören die Erstellung von Lernzielen und die dazugehörige Informationssammlung zu möglichen Lösungen in dieser Phase.

3.2.2.3.4 Lösungsprüfung

Auf dieser Stufe soll nach TÜMMERS (1980, S. 10) überprüft werden, ob „ ... die auf verschiedenen gedanklichen Wegen gefundenen Lösungen ... “ innerhalb der gestellten Problemsituation zum gewünschten Ziel führen. Sollte dies nicht der Fall sein, so ist ein neuer Prozeß problemlösenden Denkens in Gang zu setzen. In dieser Phase muß sich also auch für eine Lösung entschieden werden, die zur Lösungsbereitstellung verwendet wird. Das entspricht nach KAISER der Disputation, also dem Treffen der Entscheidung bzw. nach PFAFF der Präsentation der Lösung. Die Lösungsprüfung beinhaltet auch die Disputation, also die Verteidigung der Entscheidung; in dem Modell nach PFAFF meint das schon die Präsentation.

3.2.2.3.5 Lösungsbereitstellung

Unter der Lösungsbereitstellung versteht TÜMMERS (1980, S. 30) die Verfügbarkeit der Lösung im Lösungsarsenal des Schülers, dazu gehören für ihn auch die damit verbundenen Ausarbeitungen und Übungen. Bei PFAFF (1997, S. 30) kann der Lösungsbereitstellung die Evaluation gleichgestellt werden, denn hier ist: „ ... das Geschehene zu bewerten ... „ bzw. erfolgt auch die „ ... Bewußtwerdung des eigenen Lernverhaltens ...“. Das heißt zum einen eben, daß das Problem in den Wissensfundus integriert wird, um es bewerten zu können. Aber auch die Bestimmung des Grades bei der Erlangung von Problemlösefähigkeit ist Inhalt dieser Evaluation. In KAISERs Modell ist der letzte Schritt zwar im selben Sinn zu verstehen, bezieht sich aber ausschließlich auf die Fallstudie. Hier soll die gefundene Lösung mit der in Wirklichkeit getroffenen Entscheidung verglichen werden. Hier erweist sich der nahe Bezug zum Einsatz der Fallstudie z.B. im Jurastudium. Zum einen kann man die Stärke der Kollation in der Herausbildung von Kritikfähigkeit sehen, andererseits ist auch mit dem Vergleich zur Realität eine Chance gegeben die Lösung gerade deshalb in den Wissensfundus des Lernenden zu übernehmen. KAISER erwähnt als besondere Methode die Möglichkeit, die getroffene Entscheidung in der Praxis zu verwirklichen, was einer Lösungsbereitstellung im eigentlichen Sinn des Wortes entspricht.

3.2.2.3.6 Schlußbemerkung zu den diskutierten Konzepten

In der vorangegangen Diskussion bzw. Erläuterung zu den einzelnen Modellen des Problemlöseprozesses sollte deutlich werden, daß das Modell nach TÜMMERS alle wesentlichen Schritte eines Problemlöseprozesses enthält. Diese 5 Schritte finden sich in unterschiedlicher Ausprägung auch in den Modellen nach KAISER bzw. PFAFF. Die Diskussion der beiden letztgenannten Konzepte soll dabei keinen Anspruch auf Vollständigkeit erheben. Es sollte klar werden, daß es insbesondere keines Modells, wie dessen nach PFAFF bedarf, um POL ins Pharmaziestudium integrieren zu können. Hier ist besonders der hohe Zeitaufwand dieser Methodik, aber auch das schrittweise Abarbeiten der einzelnen Phasen als negativ hervorzuheben. Die Phasen sind mitunter begrifflich zu eng gefaßt bzw. nur auf Fallstudien, als eine mögliche Form von POL orientiert. Und welcher Student ist schon hoch erfreut, wenn ihm gesagt wird: Heute lernen wir mal problemorientiert, ABER, dazu müssen wir zunächst alle Schritte erlernen. Dieser Eindruck ergab sich für die Autorin jedenfalls nach einer Unterhaltung mit betroffenen Lehrkräften im Studiengang Pharmazie an einer deutschen Universität. In diesem Sinne stellt das A-V-EB-E-Konzept nach TÜMMERS (1980, S. 35ff.; siehe auch 3.2.2.3.7) eine Alternative dar, nicht zuletzt, weil die Initiierung des Problemlöseprozesses zunächst ausschließlich in der Hand des Lehrenden liegt; quasi als eine Art freiwillige Einladung. So ergibt sich die Möglichkeit, das Potential der Studenten für diese selber besser nutzen zu können.

3.2.2.3.7 A-V-EB-E-Konzeption

Dieses Konzept wurde von TÜMMERS (1980, S. 35ff.) etabliert und geht davon aus, daß ein Lernender mit geringen Lernschwierigkeiten die Probleme im Praktikum weitgehend selbständig lösen kann und die erforderlichen, phasenspezifischen Denkleistungen selbständig vollziehen kann. Dieser Lernende benötigt nur aufgabenorientierte (A) Lehrhilfen hinsichtlich der phasenspezifischen Teilaufgabe.

Kann der Lernende in der anschließenden Denkpause die phasenspezifische Aufgabe nicht lösen, so sollte der Lehrende zunächst verfahrensorientierte Hinweise (V) geben. Diese bezeichnen nur formal die erforderlichen Denkoperationen zur Bewältigung der Aufgabe, dabei werden noch keine inhaltlichen Lösungshinweise gegeben. Wird auch in der nächsten Denkpause keine Lösung gefunden, so werden vom Lehrenden nun Angaben über den ergebnisrelevanten Lösungsbereich (EB) bzw. bei hohen Lernschwierigkeiten Angaben zum präzisen Ergebnis (E) gemacht.

Diese Verfahrensweise nennt man auch A-V-EB-E-Konzept und verdeutlicht die empfohlene Reihenfolge von Aufgaben-, Verfahrens, Ergebnisbereichs- und Ergebnishinweisen mit integrierten Denkpausen zur Förderung möglichst problemlösenden Denkens (siehe Abbildung 3). Anhand dieses Schemas wurde eine Unterrichtsverlaufsplanung für den Teilabschnitt HPLC-Analytik im Praktikum „Instrumentelle Analytik“ entworfen.

A-V-EB-E-Schema zur differenzierten Förderung problemlösenden Denkens nach Denkschwierigkeiten

Phasen	1. Aufgabenstellung	Denk-pause	2. Verfahrensangabe	Denk-pause	3. Ergebnisbereichshinweis	Denk-pause	4. Ergebnis
1. Problemstellung							
1.1 Produktive Problematisierung	Aufforderung zur Problematisierung einer noch nicht in Frage gestellten Situation		Anregung zur Beschreibung, Analyse, Beurteilung und Kritik einer Situation		Nennung der problemrelevanten Beurteilungs- u. Analysekriterien; inhaltliche Hinweise zur Beschreibung, Analyse und Kritik bestimmter Ziele, Maßnahmen und Ergebnisse		genaue Problemdarstellung
1.2 Analytische Problemdarstellung	Heranführen an das noch unbekannte Problem						
2. Strukturierung							
2.1 Produktive Umstrukturierung	Aufforderung zur selbständigen Umstrukturierung		u.a. Einsatz von Kreativitätsmethoden für: Anregung zur Analogie, Bereichserweiterung u. -verengung, Verfremdung, Funktionstausch, Umkehrung etc.		Anregung zu Umstrukturierungsprozessen unter näherer inhaltlicher Angabe des Themen- bzw. Lösungsbereiches		Aufzeigen der Umstrukturierung
2.2 Analytische Problemstrukturierung	Aufforderung zur selbständigen Problemstrukturierung		u.a. Einsatz von Kreativitätsmethoden zur Ermittlung der Problemstellen		Vorgabe der inhaltlichen Grundstruktur des Problems mit den wesentlichen Faktoren u. ihren Beziehungen		Aufzeigen der genauen Problemstruktur
3. Lösungssuche	Aufforderung zur selbständigen Lösungssuche		Angabe von Suchverfahren: u.a. Kreativitätsmethoden, Expertenbefragung, Fachliteratur		Angabe der Suchverfahren u. -quellen mit inhaltlicher Such- bzw. Lösungsbereichsangabe		Angabe der Lösung
4. Lösungsprüfung	Aufforderung zur selbständigen Lösungsprüfung		Angabe der Prüfverfahren bzw. adäquater Kreativitätsmethoden		Inhaltliche Angabe der Prüfungsschritte		Angabe des Prüfungsergebnisses
5. Lösungsbereitstellung	Aufforderung zur selbständigen Lösungsbereitstellung		Angabe der Verfahren zur Regelformulierung für weitere Fälle		Inhaltliche Hinweise für konkrete Darstellung der Lösungsbereitstellung		Ausführung der Bereitstellung

Abb. 3: A-V-EB-E-Schema (TÜMMERS 1980, S. 36)

3.2.2.4 Die Rolle des Lehrenden und Bedingungen für POL

Im Gegensatz zum rezeptiven Lernen, bei dem der Lehrende während des Vormachens ein nahezu unantastbares Vorbild darstellt und alles „fehlerfrei" ausführt, ist die Funktion des Lehrenden beim POL die eines Initiators. Dazu schreibt BRUNKOW (1992, S. 80): „Die Aufgabe des Lehrers in einer problemorientiert bestimmt realisierten Erarbeitung liegt nun darin, zu versuchen, einen Problemlösungsprozeß zu initiieren und so zu steuern, daß die Schüler nach Möglichkeit aktiv mitarbeiten können." Aufgrund seiner Fachkenntnisse sollte der Lehrende versuchen zu verhindern, daß nicht angemessene Lösungen vorschnell von den Lernenden akzeptiert werden. Er hat aber auch den kollektiven Problemlöseprozeß durch Impulse an den Stellen weiterzuführen, wo die Schüler etwa neue, unbekannte Wege oder Werkzeuge verwenden müssen. Es ist nicht zuletzt aus unterrichtsökonomischen Gründen kaum vertretbar, alle technischen Entwicklungen 'nacherfinden' zu lassen." Die Verbreitung des rezeptiven Lehrstils ist vor allem auch bei älteren Lehrenden häufig die Methode der Wahl, weil sie ein Gefühl von Sicherheit vermitteln. Die Rolle des Initiators hat wie BRUNKOW beschreibt mehr lenkenden und im Notfall eingreifenden Charakter, der auf *breitgefächerten* Fachkenntnissen basiert. POL ähnelt dabei einer freien Ideenwerkstatt mit durchlässigen, aber definierten Grenzen.

Häufig können innerhalb der problemorientierten Lernsequenz nicht alle Schritte ausgeführt werden, da POL Zeit braucht und unter sowenig wie möglich Restriktion, Zeit- oder Leistungsdruck stattfinden sollte. Dem Lernenden sollten dennoch die nicht ausgeführten Schritte bewußtgemacht werden. Besonderer Wert sollte dabei auf die Lösungsbereitstellung, also die Übernahme der Problemlösung in das Lösungsarsenal des Lernenden, gelegt werden.

TÜMMERS und KRAMER beschreiben in einem Artikel die Organisationsmaßnahmen zur Förderung problemlösenden Denkens am betrieblichen Ausbildungsplatz (TÜMMERS und KRAMER 1980, S. 96-112). Sie nennen dabei im einzelnen 8 organisatorische Möglichkeiten zur Förderung problemlösenden Denkens bzw. Lernens am Ausbildungsplatz:

1. Aufgabenstellungen
2. Thematik
3. Verrichtungsvorgänge
4. Medien
5. Ortsbedingungen
6. Zeitbedingungen
7. Kontrollbedingungen

8. Finanzielle Bedingungen.

Im weiteren sollen nur die Möglichkeiten angesprochen werden, die Bezug zur Durchführung von Praktika im Pharmaziestudium und damit zu dieser Arbeit haben. Dabei soll zunächst auch angemerkt werden, daß Unterschiede zwischen einem Studienplatz und einem Ausbildungsplatz existieren, die nicht zuletzt auch auf den Ausbildungsort, Universität bzw. Berufsschule zurückzuführen sind. Dennoch erscheinen die hier angeführten Möglichkeiten zweckmäßig. Die Autoren beschreiben in ihrer Publikation die möglichen wirksamen Bedingungen für POL, betonen aber, daß diese einer eingehenden empirischen Bestätigung bedürfen.

Unter der organisatorischen Möglichkeit der *Aufgabenstellungen* verstehen TÜMMERS und KRAMER (1980, S. 98) zunächst eine Aufgabenerweiterung für die Förderung von POL am Arbeitsplatz. Als Beispiel nennen sie den planmäßigen Wechsel von Arbeitsplätzen. Dieser „ ... erscheint zur Förderung problemlösenden Denkens nur sinnvoll, wenn diese Ausbildungsplätze nicht analog den Arbeitsplätzen in der Erwerbssituation in besonderem Maße monotone Aufgabenstellungen enthalten." Dabei so führen TÜMMERS und KRAMER (1980, S. 99) weiter aus: „... kann ... versucht werden, Routinetätigkeiten an Ausbildungsplätzen zugunsten neuartiger und problemhaltiger Aufgabenstellungen zu vermindern, z.B. durch selbständige Bearbeitung oder Mitarbeit bei Spezialaufträgen oder Projektaufgaben in den Fachabteilungen." Hier erweisen sich die Routinearbeitsplätze in der Universität als ausgezeichnete Ausbildungsplätze, da beinahe jede Routinearbeit eine Neuheit in sich birgt, weil sehr oft wissenschaftliche Forschungsaufgaben bearbeitet werden. Eine Dienstleistung im Sinne von monotoner Messung ist hier eher die Ausnahme. In dieser Hinsicht sind die Arbeitsplätze in der Universität gut geeignete Ausbildungsplätze zur Förderung problemlösenden Denkens.

Unter dem Aspekt *Thematik* sehen TÜMMERS und KRAMER (1980, S. 101) die Möglichkeit, daß bei: „ ... bewußt geplanter Unvollständigkeit der Arbeitsanweisungen jedoch die Chance besteht, problemlösende Denkaktivitäten bei den Lernenden in Gang zu setzen." Der Schwerpunkt dieser Aussage sollte hier gezielt auf die Worte „bewußt geplanter" gesetzt werden. Aufgrund des hohen Betreuungsaufwandes ist die gezielte Vorbereitung des Praktikums durch den Betreuer nicht immer gewährleistet. Oft sollen die anstehenden Arbeitsaufgaben umgehend mit in das Praktikum einbezogen werden, dabei können die Arbeitsanweisungen auch unvollständig sein, aber eben nicht ***bewußt geplant*** unvollständig. Soviel die Forschungstätigkeit auch Raum für problemlösendes Denken bereitstellt, soviel sollte aber auch berücksichtigt werden, daß eine Aufgabenstellung nur durch einen didaktisch aufbereiteten Problemlöseprozeß erst wirkliche Förderung von problemlösendem Denken schafft.

Im Rahmen des Strukturelements *Verrichtungsvorgänge* besteht eine Alternative der pädagogischen Gestaltungsmöglichkeit z.B. in der Wahl der Sozialform. TÜMMERS und KRAMER (1980, S. 102) erwähnen hier, daß: „Teamarbeit (bzw. Gruppenarbeit, Anm. d. Verf.) ... in der Literatur häufig positiver als Einzelarbeit bewertet wird, weil durch die gegenseitige Anregung der Gruppenmitglieder ... eine Erhöhung der Produktivität erwartet wird.“ Dabei läßt er keinen Zweifel daran, daß Gruppenarbeit nicht nur, aber überwiegend positive Auswirkungen auf die Förderung problemlösenden Denken hat. Für den Studienalltag heißt das, daß es günstig wäre, z.B. Praktika in kleineren Gruppen durchzuführen. Diesem Anliegen kann nicht immer Rechnung getragen werden. In der vorliegenden Arbeit bietet sich aber das zu planende Praktikum „Instrumentelle Analytik“ an, POL einzuführen, da hier fördernd für POL vorwiegend in kleinen Gruppen gearbeitet werden muß.

TÜMMERS und KRAMER nennen im weiteren *Medien, Ortsbedingungen* und *Zeitbedingungen* als mögliche Gestaltungsräume zu Förderung von POL. Hier wären der Einsatz von programmierten Lösungsverfahren durch EDV-Anlagen, große Arbeitsplatzstörungen sowie hoher Zeitdruck als Faktoren zu nennen, die sich negativ auf die Förderung problemlösenden Denkens auswirken können.

Unter dem nächsten Aspekt, den *Kontrollbedingungen* soll zunächst ein größerer Abschnitt aus TÜMMERS und KRAMER zitiert werden, dabei wird auch erkennbar, daß dieser Gestaltungsbereich eng mit dem Bereich der *Finanzielle Bedingungen* verbunden ist. TÜMMERS und KRAMER (1980, S. 106): „Der Einfluß der Kontrollbedingungen ... hinsichtlich problemlösenden Denkens wird wahrscheinlich größer sein, wenn die Fremdkontrollen zugunsten vermehrter Selbstkontrolle und eigenständiger Fehlerbehebung vermindert werden. Sachfremde Motivationen, wie Autoritätsfurcht, Angst vor Fehlern und Sanktionen sowie Macht- und Statusstreben sollten zwar vermieden werden, zur Schaffung realitätsnaher Aufgaben ... erschienen jedoch völlig prüffreie Situationen nicht angemessen. Fremdkontrollen durch den Ausbilder können vielmehr auch notwendige Hilfen bei Lernschwierigkeiten sowie Anhaltspunkte für die Selbstbekräftigung bieten.“ Die Verschiebung von Fremd- zur Selbstkontrolle fördert also zunächst POL, birgt aber das Risiko von größeren Schäden an den Arbeitsmitteln. So formulieren TÜMMERS und KRAMER (1980, S. 107) weiter unter den *Finanziellen Bedingungen*: „Die Haftung für Fehler oder Schäden bei der selbständigen Problemlösung durch Auszubildende oder sonstige Sanktionen scheinen deshalb für den Lernprozeß nicht förderlich zu sein. Allerdings ... ist zu beachten, daß eine persönliche Schadenshaftung auf der anderen Seite die Eigenverantwortlichkeit ... fördern kann."

Die Förderung von Selbstkontrolle wirkt sich positiv auf POL aus, bedarf aber der sorgfältigen Planung dessen, in welchem Rahmen und an welchen Geräten Auszubildende bzw. Studenten agieren dürfen. Damit unterstützt diese Tatsache die Forderung nach Aufgabenstellungen mit didaktisch aufbereiteten Problemstellungen zur Nutzung der guten Voraussetzungen an Universitäten, die grundsätzlich problemlösendes Denken fördern können.

3.2.2.5 Die Herausbildung von Fähigkeiten und Fertigkeiten im Praktikum mit Hilfe von POL

Zur Strukturierung dieses Themenaspektes soll das Zonenmodell, wie es nach WYGOTSKI bzw. in einer Änderung nach HORTSCH und WOLFRAM (1993, S. 65-69) verfügbar ist, genutzt werden. Die Autoren gehen davon aus, daß sich Lernende in einer Stufe (n. Niveau) befinden, welche dadurch gekennzeichnet ist, daß in ihrer Zone der nächsten Entwicklung mindestens eine Handlung existiert, die der Unterstützung durch den Lehrenden bedarf (siehe Abbildung 4). Daneben verfügt der Lernende auch über ein Repertoire an selbständigen Handlungen (Niveau der aktuellen Entwicklung).

Durch bestimmte Handlungen des Lernenden, die durch die Verlaufsqualität „Aktivität" gekennzeichnet sind, wird das (n+1). Niveau erreicht. Dieses ist dadurch gekennzeichnet, daß die vorher nicht selbständig auszuführende Handlung des Lernenden zur selbständigen Handlung geworden ist und somit in das Niveau der aktuellen Entwicklung aufgenommen wurde. Das (n+1). Niveau wird im Anschluß zum n. Niveau, hier hat sich das Repertoire an selbständigen Handlungen vergrößert und eine andere unselbständige Handlung kann zu einer selbständigen Handlung entwickelt werden. Die durch den Lernenden auszuführenden Handlungen zur Erreichung des nächsten Niveaus werden durch den Lehrenden mittels Orientierung, Regulation und Kontrolle initiiert.

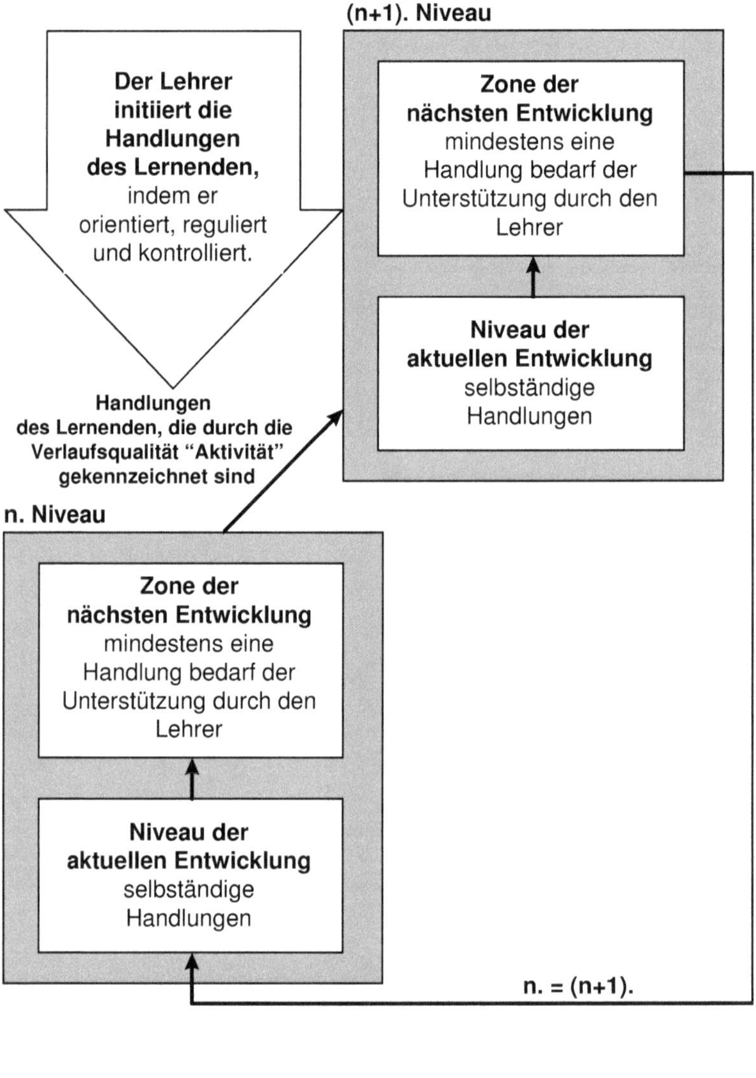

Abb. 4: Rückgriff auf das Zonenmodell nach WYGOTSKI, wie es in HORTSCH und WOLFRAM (1993, S. 65-69) dargestellt ist. Weitere Erläuterungen im Text.

Dieses Schema kann man sich auch als Stufen vorstellen, wenn man das jeweils folgende Niveau als ein höheres Treppchen ansieht. In Abbildung 5 sind 3 verschiedene Praktika aus dem Bereich der Pharmazeutischen Chemie im Pharmaziestudium in ein solches Stufenschema eingeordnet.

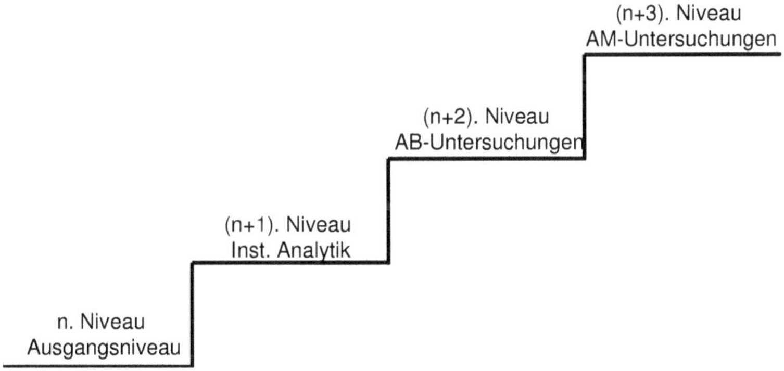

Abb. 5: Schematische Darstellung der verschiedenen Niveaus in der Ausbildung von Pharmaziestudenten anhand ausgewählter Praktika in der Pharmazeutischen Chemie. Weitere Erläuterungen im Text.

Das n. Niveau bezeichnet dabei die Ausgangsstufe, also alle praktischen Erfahrungen bzw. auch Fähigkeiten und Fertigkeiten, die ein Student bis zum Beginn des Praktikums „Instrumentelle Analytik" im 4. Semester gesammelt bzw. erworben hat. Dieses Praktikum soll nun in dem hier dargestellten Beispiel im Bereich der HPLC-Analytik dazu dienen, die Fähigkeit zu erwerben, eine HPLC-Anlage unter Aufsicht und mit Unterstützung zu bedienen. Dazu soll, wie im weiteren noch auszuführen ist, eine problemorientierte Praktikumskonzeption dienen, die nach dem bereits vorgestellten A-V-EB-E-Konzept von TÜMMERS (siehe auch 3.2.2.3.7) erstellt wurde. Im 5. Semester sollen diese Fähigkeiten hin zu Fertigkeiten erweitert werden, und zwar im Praktikum Arzneibuch-Untersuchungen (AB-Untersuchungen). Als zu erwerbende Fertigkeit in diesem Praktikum sind die Bedienung der HPLC-Anlage anhand einer Arbeitsvorschrift (z.B. eines Leittextes) zu nennen. Da in diesem Praktikum verschiedene Arzneibuchmonographien Gegenstand des Praktikums sind, ist der Übungphase genügend Raum gegeben, um auch wirklich eine Fertigkeit zu entwickeln. In der letzten Stufe soll schließlich im 8. Semester im Praktikum Arzneimitteluntersuchungen (AM-

Untersuchungen) die Fertigkeit erworben werden, eine HPLC-Anlage selbständig zu bedienen, deren Einsatz sinnvoll zu planen und die Ergebnisse eigenständig zu interpretieren. Im Unterschied zum vorgestellten Zonenmodell ist in der hier dargestellten Planung jedes Niveau durch eine neue Qualität der Selbständigkeit, nicht durch eine einzelne selbständige Handlung definiert. Die Stufung hat in diesem Fall den Grad der Bewältigung als Kriterium, in dem sich die einzelnen Treppen voneinander unterscheiden.

4 Planung der Stoffeinheit „HPLC-Analytik" im Praktikum „Instrumentelle Analytik" für Pharmaziestudenten

4.1 Das Praktikum „Instrumentelle Analytik"

Das Praktikum „Instrumentelle Analytik" ist eine einsemestrige Lehrveranstaltung mit einem Stundenumfang von 169 Stunden (siehe AAppO, Anlage 1, Teil C). Es ist Bestandteil des Grundstudiums zur Vorbereitung auf den Ersten Abschnitt der Pharmazeutischen Prüfung nach AAppO. Die entsprechend begleitende Vorlesung „Einführung in die Instrumentelle Analytik" wird in der Regel an der Universität Leipzig auch im 4. Semester, also praktikumsbegleitend gelesen. So kann es passieren, daß die Studenten mitunter einen Vor- oder auch Nachlauf in der entsprechenden Theorie haben.
Das Praktikum „Instrumentelle Analytik" ist Bestandteil des Ausbildungsgebietes Pharmazeutische Chemie. Daneben existieren innerhalb des Pharmaziestudiums noch die jeweils gleichwertigen Ausbildungsbestandteile der Pharmazeutischen Technologie und Pharmazeutische Biologie sowie der Pharmakologie. Als weiterführende Veranstaltungen dieses Praktikums in der Pharmazeutischen Chemie können zwei Praktikumsveranstaltungen im Hauptstudium gesehen werden: AB-Untersuchungen (5. Semester) sowie AM-Untersuchungen (8. Semester). Dient die instrumentelle Analytik dazu Fähigkeiten im Umgang mit den Arzneibuch-üblichen Analyseverfahren zu erwerben, so sollen diese in den aufbauenden Praktikumsveranstaltungen hin zu Fertigkeiten erweitert werden (siehe auch 3.2.2.4). Außerdem ist der Inhalt des Praktikums Bestandteil der Prüfung zum Ersten Abschnitt der Pharmazeutischen Prüfung und taucht als Prüfungsschwerpunkt IV (Grundlagen der pharmazeutischen Analytik, AAppO) auf.

Das hier beschriebene Praktikum umfaßt die Analytik, die für die Pharmazeutische Praxis in den jeweiligen Arzneibüchern (Deutsches Arzneibuch - DAB bzw. Europäisches Arzneibuch -

EAB) relevant sind. Dazu gehören folgende Analyseverfahren (Abkürzungen siehe Abkürzungsverzeichnis):

Spektroskopische Verfahren, wie UV-Analytik, NMR, IR, MS;
chromatographische Verfahren wie DC, HPLC, GC
sowie elektrochemische Verfahren.

Ziel des Praktikums „Instrumentelle Analytik" ist es, grundlegende Fähigkeiten im Umgang mit diesen analytischen Standardverfahren zu erwerben, um so den Ersten Abschnitt der Pharmazeutischen Prüfung zu bestehen. Die erworbenen Fähigkeiten sollen in aufbauenden Praktika des Hauptstudiums zu entsprechenden Fertigkeiten ausgebaut werden, um dadurch eine berufliche Handlungskompetenz auf diesem Gebiet erlangen zu können.
Die Lehrveranstaltung ist so aufgebaut, daß ein Praktikumsleiter die Einteilung der Gruppen für den jeweiligen Praktikumsabschnitt koordiniert. Dabei entfallen auf jeden Praktikumsverantwortlichen ca. 10 Stunden Praktikum, die auf zwei Tage verteilt werden können. Diese Tatsache macht dieses Praktikum zu einem geeigneten Modell für die Einführung von problemorientierten Ansätzen ins Praktikum. Kleine Praktikumsgruppen (3-4 Teilnehmer) ermöglichen mit POL zu arbeiten, außerdem trägt jeder Leiter eines Praktikumsabschnittes für seinen Teil die eigene Planungsverantwortlichkeit. Anzustreben ist allerdings, daß nicht nur ein Praktikumsverantwortlicher mit POL arbeitet, sondern das vielmehr dieser anregend auf die anderen wirkt. So könnten alle Analyseverfahren dieses Praktikums problemorientiert vermittelt werden.

4.2 Unterrichtsverlaufsplanung der Stoffeinheit „HPLC-Analytik"

4.2.1 Allgemeine Unterrichtsbedingungen

Der zu beschreibende Versuch problemorientierten Lehrens und Lernens ist für das Praktikum „Instrumentelle Analytik", Teilgebiet HPLC-Analytik, im Sommersemester 2001 für das 4. Semester des Pharmaziestudiums an der Universität Leipzig konzipiert worden. Es ist mit einer Semesterstärke von 50 Studenten zu rechnen, die in Gruppen zu 3-4 Teilnehmern aufgeteilt werden.
Die Lernvoraussetzungen der Studenten können als relativ heterogen angesehen werden, da sich auch nach 3 Semestern Grundstudium noch nicht die Unterschiede zwischen den

einzelnen Hochschulzugangsberechtigungen aufgehoben haben. Begründet kann dieses z.T. dadurch werden, daß die Studenten unterschiedliche Leistungskurse im Abitursystem gewählt haben.

Die Studenten sind vorwiegend an rezeptives Lernen aus den vorangegangenen Praktika gewöhnt. Das läßt sich z.T. auch mit der bis dahin vorherrschenden Form des Großpraktikums für die Praktikumsveranstaltungen erklären. Tendenzen für problemorientiertes bzw. entdeckendes Lernen sind bei den Studenten vorhanden, werden aber noch zu wenig genutzt bzw. durch die Lehrenden vernachlässigt. Es kann zudem angenommen werden, daß die Studenten aus der zurückliegenden Schulbildung in sozialen Lernprozessen geübt sind, da z.B. Projektarbeiten immer mehr Raum in Abiturlehrplänen bekommen. Aufgrund der angenommenen Vorbildung der Studenten im Bereich von POL, wie z.B. Arbeit an und mit Projekten, soll keine Instruktion zu den theoretischen Grundlagen von POL gegeben werden. Anhand des im folgenden dargestellten Unterrichtsverlaufsentwurfs sollen mit den Studenten Fähigkeiten für die HPLC-Analytik problemorientiert herausgebildet werden. Dies geschieht im Gegensatz zu den Erfahrungen, die mit dem Modell nach PFAFF (siehe 3.2.2.2) beispielsweise an der Universität Münster gemacht wurden (NEYE, persönliche Mitteilung). Hier wurden die Studenten zunächst in das Modell eingeführt und die notwendigen theoretischen Grundlagen zum POL mußten erst vermittelt werden. Das kann die Motivation der Studenten herabsetzen und die Anwendungsbreite von POL einschränken.

Insbesondere sollen an dieser Stelle nochmals die Unterrichtsbedingungen erwähnt werden, die in Hinblick auf die Förderung problemorientierten Denken wichtig sein können (siehe 3.2.2.4). Die Unterrichtsbedingungen an den Universitäten eignen sich hinsichtlich Aufgabenstellung, Thematik, Sozialform und Kontrollbedingungen sehr gut zur Durchführung von POL. Diese besonderes guten Voraussetzungen für POL nutzbar zu machen, ist eines der Anliegen des folgenden Praktikumskonzepts.

4.2.2 Vorbereitung des Arbeitsplatzes und der Arbeitsmittel

Folgende Ausstattung ist für die Durchführung des Praktikums nötig:

- Arbeitsplatz:

- HPLC-Labor mit üblicher Laboraustattung
- Arbeits- und Sitzflächen für jeweils 4 Studenten

- Arbeitsmittel:

- EAB
- HPLC-Anlage und -zubehör
- Pipetten, Verbrauchsmaterial
- Substanzen, Lösungsmittel
- Labortafel.

4.2.3 Lehrziele

Die Studenten sollen verstärkt problemorientiert Fähigkeiten in der HPLC-Analytik herausbilden.

Dazu sollen sie:

- die HPLC-Analytik in das pharmazeutische Analysenspektrum einordnen können,
- die wichtigsten Parameter dieser Methode erklären können,
- die möglichen Veränderungen dieser Parameter in ihrer Konsequenz für das Ergebnis einschätzen können,
- fähig sein, die Vorschrift einer HPLC-Analyse aus dem EAB zu verstehen,
- eine HPLC-Analyse unter Aufsicht erstellen können,
- ein Chromatogramm interpretieren können,
- die Auflösung zweier Peaks nach EAB bestimmen können,
- die erworbenen Fähigkeiten als Grundlage für den Ausbau zu Fertigkeiten in diesem Gebiet innerhalb der aufbauenden Praktika nutzen können,
- Problemlösefähigkeiten für allgemeine und analytische Fragestellungen erwerben.

4.2.4 Thematik

Chromatographische und spektroskopische Analyseverfahren bilden den Hauptanteil der Untersuchungsmethoden von Arzneistoffen. Die Chromatographie beinhaltet die Trennung von Substanzgemischen in ihre Bestandteile. Die HPLC-Analytik ist neben der Gaschromatographie (GC) und der Dünnschichtchromatographie (DC) eine chromatographische Standardmethode im gültigen EAB. GC und HPLC weisen zahlreiche Ähnlichkeiten auf. Mit Hilfe der HPLC-Analytik kann der Gehalt des Arzneistoffes bzw.

dessen Identität und eventuelle Verunreinigungen ermittelt werden. Die Methoden für eine solche Analytik finden sich als Monographien in den Arzneibüchern (EAB, DAB). Voraussetzung für genaue Analysenergebnisse in der HPLC-Analytik ist eine gute Trennung der Substanzen, die sich in einer rechnerisch ermittelten Größe, der Auflösung widerspiegelt. Das Ergebnis einer HPLC-Analyse stellt ein Chromatogramm dar, bei dem die Intensität des Detektorsignals gegen die Zeit aufgetragen wird. Dabei ergeben sich charakteristische Kurvenverläufe, deren Maximas als Peaks bezeichnet werden.

Das erstellte Chromatogramm entsteht unter ganz bestimmten, gewählten Bedingungen der jeweiligen Parameter. Folgende Parameter sind für eine HPLC-Analyse wichtig: die Flußrate, die mobile Phase (Fließmittelzusammensetzung), die stationäre Phase = Säule (Material, Partikelgröße, Länge, Durchmesser) sowie die Detektionsart und die Konzentration der Substanzen (Injektionsvolumen, Konzentration der Lösung). Man unterscheidet dabei Parameter, deren Veränderung sich immer gleichartig auf alle Chromatogramme auswirken, neben solchen, die in Abhängigkeit vom Substanzgemisch unterschiedliche Auswirkungen auf das Ergebnis haben können.

Unvollständig getrennte Substanzen, können durch veränderte Analysenbedingungen besser getrennt werden, so daß die Auflösung steigt. Da es mehrere Möglichkeiten gibt, die Trennleistung zu verbessern, eignet sich dieser Versuch besonders dazu, die Gesetzmäßigkeiten der HPLC-Analytik durch die Studenten entdecken zu lassen. Schon für die Bedingungen eines Parameters, wie z.B. der Fließmittelzusammensetzung gibt es mehrere Möglichkeiten. So z.B. eine konstante Zusammensetzung, also isokratische Bedingungen oder auch eine stufenweise veränderte Zusammensetzung, die Gradientenelution. Bei der Änderung für die mobile Phase können insbesondere die Kenntnisse der Studenten zur elutropen Reihe, einer Einordnung der Fließmittel nach steigender Polarität, angewendet und erweitert werden.

Danach soll von den Studenten ein Chromatogramm nach einer Vorschrift im EAB (siehe Anlage 2) unter Aufsicht erstellt werden. Dazu werden die veränderten Bedingungen genutzt. Nach Auswertung der Chromatogramme kann man die Auflösung für das Ausgangs- und erstellte Chromatogramm ermitteln, und so erkennen, ob die Substanzen besser getrennt wurden.

Die Arbeit ist eingebunden in aktuelle Projekte des Instituts für Pharmazie mit dem Bundesinstitut für Arzneimittel und Medizinprodukte. Innerhalb dieses Projektes werden neue HPLC-Methoden zu Ermittlung von Identität, Reinheit und Gehalt ausgewählter Arzneistoffe erstellt. So ergeben sich immer wieder neue Forschungsaufgaben, die Thema dieses Praktikumsabschnittes sein können.

4.2.5 Übersicht

Phasen	**Aufgabe** **Was ?**	Pause	**Verfahren** **Wie ?**	Pause	**Ergebnisbereich** **Wo ?**	Pause	**Ergebnis**
Problemstellung	Ein HPLC-Chromatogramm mit zwei unvollständigen Peaks wird gezeigt. Angabe: Experiment, ein Substanzgemisch aus Arzneistoff A und B in seine Bestandteile zu zerlegen. Teilversuch zur Erstellung einer neuen Monographie für das EAB: Bestimmung des Verunreinigungsgrad von Stoff A mit Stoff B Ziel: Aufmerksamkeit der Studenten wecken und Betroffenheit auslösen		Was stellt das „Bild" dar? Was seht ihr? *Brainstorming* Ziel: Bereichserweiterung		Arzneimittelanalytik Chromatographie (Trennung von Substanzengemischen) GC-, HPLC-Analytik Interpretiert das *Chromatogramm.*		Problem: Welche Bedingungen kann man wählen, um diese zwei Substanzen mittels HPLC voneinander gut zu trennen?
Strukturierung *A*	Leiter: Beschreibt, beurteilt und kritisiert die Aufgabe! Erwartete Reaktion: Uns fehlen notwendige Angaben, um die Aufgabe lösen zu können!		Was müßt ihr noch wissen? Welche Parameter kennzeichnen eine HPLC-Anlage? Wo kann man weitere Infos zur Ermittlung der gesuchten Parameter erhalten? Leiter: Sucht die Parameter heraus, die hilfreich sind, um die Aufgabe zu lösen!		Durch welche Parameter werden die einzelnen Bauteile der HPLC-Anlage charakterisiert? Welche Parameter benötigt ihr bei anderen chromatographischen Verfahren? Welche Daten sind im EAB für die Chromtographie angegeben?		• Feststellung aller Parameter für das eingangs gezeigte Chromatogramm: • Flußrate, • mobile Phase (Fließmittelzusammensetzung), • stationäre Phase = Säule (Material, Partikelgröße, Länge, Durchmesser), • Detektion, • Konzentration der Substanzen (Injektionsvolumen, Konzentration der Lösung)

B	<u>Leiter:</u> Könnt ihr die Aufgabe lösen, wenn folgende Angaben gegeben sind: • Flußrate = 1,0 ml/min • mobile Phase: isokratisch, MeOH:Wasser (50:50) • Säule: Material = C18, Partikelgröße = 5µM, Länge = 0,250 m, Durchmesser = 4 mm, • Detektion: UV 225 nm • Injektionsvolumen = 20 µl eines Gemischs aus je 0,01 mg/ml konzentrierten Lösungen • Strukturformeln der Stoffe sind bekannt.	Welche Bedingungen könnt ihr für die verschiedenen Parameter wählen? *Morphologischer Kasten*	Wie kann die Fließmittelzusammensetzung verändert werden? Welche Zahlenwerte kann die Flußrate annehmen? Ist die Flußrate limitiert?	Aufzeigen der Möglichkeiten anhand des Morphologischen Kastens ohne Wertung, wie sich die veränderten Bedingungen auswirken.
C	Wie bestimmt man die Güte der Trennung von Substanzen?	Was ist das Kriterium für eine gute Trennung? Wie kann man es ermitteln?	Wie bestimmt man die Trennleistung in der GC (Praktikum, Vorlesung)? Schaut im EAB unter Flüssigkeitschromatographie nach!	Formel für Auflösung lt. EAB erklären und anwenden können, um die Güte der Trennung zwischen zwei Peaks mit Hilfe dieser Formel ermitteln zu können
Lösungssuche	Welchen Parameter kann ich wie ändern, um eine bessere Trennung der Substanzen zu erhalten?	Welcher wirkt sich am deutlichsten auf die Trennleistung in der HPLC-Analytik aus? Wie müßt ihr ihn verändern?	Verändert die Fließmittelzusammensetzung, so daß sie polarer wird!	Auswahl einer veränderten Bedingung für einen Parameter pro Versuch, der die Auflösung effektiv verbessern kann z.B. mobile Phase muß mehr MeOH als Wasser enthalten (60:40) oder Detektion bei 250 nm
Lösungsprüfung A	Wie können wir unser Ergebnis überprüfen?	Führt eine HPLC-Analytik unter den veränderten Bedingungen durch! Hilfe des Leiters	Verwendet dabei die Vorschrift nach für die Flüssigkeitschromatographie nach EAB! Hilfe des Leiters	Verändertes Chromatogramm unter neuen Bedingungen
B	Hat sich die Auflösung verbessert?	Ermittelt die Auflösungen der Substanzen A und B!	Ermittelt die Auflösung nach EAB der Substanzen A und B in beiden Chromatogrammen!	Vergleich der Auflösungen beider Chromatogramme.
Lösungs-bereitstellung	Protokollerstellung			

4.2.6 Beschreibung der Unterrichtsverlaufsplanung

4.2.6.1 Problemstellung

Den Studenten wird eine Darstellung (siehe Anlage 1) mit der Bemerkung gegeben, daß es sich um das Ergebnis eines Experiments handelt, bei dem ein Substanzgemisch aus Arzneistoff A und B in seine Bestandteile zerlegt werden sollte. Das Experiment stellt einen Teilversuch zur Erstellung einer neuen Monographie im EAB dar. Dadurch soll die Aufmerksamkeit und Betroffenheit der Studenten gewonnen werden. Da bis auf die Angabe der Strukturformeln der getrennten Substanzen jegliche anderen Informationen fehlen, ist zu erwarten, daß die Studenten stutzen bzw. fragen: „Was sollen wir mit dem Bild anfangen?" Es könnte auch schon die Vermutung geäußert werden, daß es sich um die Darstellung eines Chromatogramms (Chromatographie = Trennung von Substanzgemischen) handelt. Jetzt wird der Auftrag formuliert, herauszufinden, was das „Bild" darstellt bzw. was die Studenten sehen. Hier soll zunächst auf zwei Grundbegriffe der Chromatographie eingegangen werden: Es entsteht ein Chromatogramm, welches durch Peaks (im Falle der GC bzw. HPLC, nicht aber der DC) gekennzeichnet ist. Dazu kann das Brainstorming zur Begriffssuche verwendet werden.

Werden diese Begriffe nach der anfangs gestellten Frage nicht gefunden, so wird ein Ergebnisbereichshinweis gegeben. Dabei wird die Arzneistoffanalytik insbesondere chromatographische Verfahren, wie GC und HPLC als möglicher Ergebnisbereich angegeben. Die Studenten haben möglicherweise diese Verfahren schon in der praktikumsbegleitenden Vorlesung bzw. auch in anderen Praktikumsteilen kennengelernt.

Das Ergebnis der Problemstellung stellt die Erkenntnis dar, daß im gezeigten Chromatogramm zwei Substanzen unter den gewählten Bedingungen nicht vollständig voneinander getrennt werden konnten. Ziel der Motivierungs- und Problemstellungsphase ist es außerdem, daß die Studenten möglichst selbständig die Aufgabenstellung formulieren: „Welche Bedingungen kann man wählen um die zwei Substanzen mittels HPLC voneinander gut zu trennen?" Zur Motivation der Studenten gehört hier ebenfalls die Frage: „Warum müssen die Substanzen sauber voneinander getrennt sein?" Diese Frage stellt den eigentlichen Bezug zwischen HPLC-Analytik und Pharmaziestudium dar. Das Bewußtsein zu schaffen, daß gerade die HPLC eine Methode im gültigen EAB ist und die nach dieser Methode entstandenen Ergebnisse nur Verwendung in der pharmazeutischen Praxis finden können, wenn die Chromatogramme eindeutige Peaks enthalten. Dabei sollen die Studenten auch für

das EAB als ein gültiges Standardwerk der pharmazeutischen Analytik, welches zudem Gesetzescharakter hat, sensibilisiert werden.
Da die Gruppenstärke sehr klein ist, wird zunächst mit allen Studenten gleichzeitig gearbeitet.

4.2.6.2 Problemstrukturierung

In dieser Stufe des Problemlöseprozesses besteht die erste Hilfestellung in der Aufforderung, die gestellte Aufgabe zu beurteilen und zu kritisieren. Dabei soll den Studenten bewußt werden, daß ihnen notwendige Angaben fehlen. Deshalb ist als erster Verfahrenshinweis die Frage nach der Art der fehlenden Parameter gestellt. Hier werden vereinzelte Antworten spontan kommen und sollten an der Labortafel durch den Lehrenden festgehalten werden. Die Angaben können durch verschiedene Verfahrenshinweise vervollständigt werden. Eine Möglichkeit wäre, die Parameter anhand der Bauteile der HPLC-Anlage zu erarbeiten. Dazu können die einzelnen Bauteile untereinander an die Labortafel geschrieben werden und die Parameter zugeordnet werden. Ein anderer Verfahrenshinweis stellt die Frage nach Kenngrößen verwandter Verfahren, wie speziell die GC dar. Zur Komplettierung der Parameter, insbesondere der verschiedenen Größe für die stationäre Phase, aber auch zur Kontrolle auf Vollständigkeit, kann abschließend auch das EAB zu Rate gezogen werden. Der erste Abschnitt des Strukturierung endet mit der Nennung aller für dieses Chromatogramm wichtigen Kenngrößen.
Neben dem Abschnitt A sind noch die Abschnitte B und C für die Problemstrukturierung erforderlich. Im zweiten Abschnitt (Abschnitt B) der Umstrukturierung werden die Parameter mit den Daten belegt, die zum eingangs gezeigten Chromatogramm führten. Die Studenten werden erneut aufgefordert die Aufgabe nun zu lösen. Das eine Veränderung dieser Parameter zu einem anderen Ergebnis der HPLC-Analyse führt, sollte den Studenten klar sein. Deshalb wird beim Verfahrenshinweis auch darauf hingewiesen, daß das „Wie?" von besonderer Bedeutung in der Fragestellung ist. Zur Erarbeitung dieses Abschnittes soll der Morphologische Kasten als Kreativitätsmethode genutzt werden. Die genannten Parameter können dabei in die vertikale Spalte untereinander eingeordnet werden (siehe Abbildung 6A). In den Zeilen werden die einzelnen Ausprägungen, also die Änderungsmöglichkeiten zugeordnet. Das Ausfüllen dieses Morphologischen Kastens sollten die Studenten allein vornehmen, weil so das Kreativitätspotential erhöht wird. In dieser Phase sollen zunächst alle

denkbaren Ausprägungen der Parameter erfaßt werden; unabhängig davon, ob sie das Ergebnis verbessern oder verschlechtern können.

A

Parameter ↓ / Ausprägungen →						
Mobile Phase	MeOH: H_2O 80:20	MeOH: H_2O 60:40	Gradienten-elution	Acetonitril	Ethanol	Hexan: H_2O 20:80
Stationäre Phase	C18-OH	C18-CN	C6	Kieselgel	C18-NH_2	kürzere Säule
Konzen-tration	niedrigere	höhere				
Flußrate	1,0 ml/min	0,5 ml/min	0,75 ml/min	1,5 ml/min	2,0 ml/min	0,01ml/min
Detektion	UV = 250 nm	Brechungs-index	radioaktiv	UV = 350 nm		

B

Parameter ↓ / Ausprägungen →						
Mobile Phase	MeOH: H_2O 80:20	MeOH: H_2O 60:40	Gradienten-elution	Acetonitril	Ethanol	Hexan: H_2O 20:80
Stationäre Phase	C18-OH	C18-CN	C6	Kieselgel	C18-NH_2	kürzere Säule
Konzen-tration	niedrigere	höhere				
Flußrate	1,3 ml/min	0,5 ml/min	0,75 ml/min	1,5 ml/min	2,0 ml/min	0,01ml/min
Detektion	UV = 250 nm	Brechungs-index	radioaktiv	UV = 350 nm		

C

Parameter ↓ / Ausprägungen →						
Mobile Phase	MeOH: H_2O 80:20	MeOH: H_2O 60:40	Gradienten-elution	Acetonitril	Ethanol	Hexan: H_2O 20:80
Stationäre Phase	C18-OH	C18-CN	C6	Kieselgel	C18-NH_2	kürzere Säule
Konzen-tration	niedrigere	höhere				
Flußrate	1,0 ml/min	0,5 ml/min	0,75 ml/min	1,5 ml/min	2,0 ml/min	0,01ml/min
Detektion	UV = 250 nm	Brechungs-index	radioaktiv	UV = 350 nm		

Abb. 6: Beispiel für den zu erarbeitenden Morphologischen Kasten in der Problemstrukturierungsphase (A) und dessen Bearbeitung in der Phase der Lösungssuche (B) sowie die Entscheidungen für zwei Versuche (grau und schwarz) innerhalb der Lösungsprüfung (C).

Die meisten Parameter können an sich in der Wahl der Bedingungen grundsätzlich verändert werden: z.B. eine andere Zusammensetzung der mobilen Phase oder die Verwendung einer anderen Säule. Aber auch eine schlichte Änderung in den Daten wäre möglich, so kann die Flußrate entweder hoch oder runter gesetzt werden; hier könnten in der Ausprägung zum einen nur der Trend der Veränderung oder aber einfach verschiedene Zahlenwerte angegeben werden. Soweit es möglich ist, sollten den Studenten klar gemacht werden, daß es sowohl substanzabhängig, als auch substanzunabhängig änderbare Parameter gibt. So hat z. B. eine Erhöhung der Flußrate immer gleiche Auswirkungen auf das Chromatogramm, eine Veränderung der Zusammensetzung der mobilen Phase (Fließmittelzusammensetzung) hat auf das Chromatogramm verschiedener Substanzgemische unterschiedliche Folgen. Dieses Bewußtsein hilft den Studenten, sich innerhalb der Lösungssuche und -prüfung für jeweils <u>eine</u> Veränderung der Bedingungen zu entscheiden, die das Ergebnis wirkungsvoll verbessern kann. Das Ergebnis dieser Phase ist ein ausgefüllter Morphologischer Kasten pro Student.

Der dritte Abschnitt der Problemstrukturierung steht in direktem Zusammenhang mit der Lösungsprüfung. Jetzt soll ermittelt werden, wie ich die Auflösung der Peaks, also die Trennung der Substanzen quantifizieren kann. Dieses Kriterium dient dann der Beurteilung, wie sich die Auflösung im Vergleich zum Ausgangschromatogramm verändert hat.

Als Verfahrenshinweis wird zunächst nach dem Kriterium für die Auftrennung zweier Peaks gefragt. In vielen Fällen wird bereits hier der Begriff „Auflösung“ erwähnt, manchmal sogar die Größen, die in der Berechnung der Auflösung eine Rolle spielen. Andererseits kann es auch vorkommen, daß den Studenten gar nicht bewußt ist, daß eine solche rechnerische Größe existiert. „Das kann man doch rein optisch erkennen, ob die Peaks weiter voneinander entfernt sind!“, könnte eine Meinung sein. In diesem Falle sollte weiter auf die Äußerung des Begriffs „Auflösung“ hingearbeitet werden, um diesen Begriff im EAB nachzuschlagen bzw. darauf hinzuweisen, daß die Auflösung ein Gütekriterium der Trennung eines Substanzgemisches darstellt. Da meistens nicht die vollständige und richtige Formel für die Auflösung „aufgesagt“ werden kann (was auch nicht Sinn dieses Praktikums ist), empfiehlt sich sowieso ein Blick ins EAB. Als Ergebnisbereich sollte hier wieder auf die verwandte Analytik der GC hingewiesen werden, da die Studenten diesen Teil des Praktikums „Instrumentelle Analytik“ schon im Vorfeld des aktuellen Praktikumsteils absolviert haben könnten. So lassen sich gute Parallelen aufzeigen.

Als Ergebnis dieses Strukturierungsabschnittes sollte die Berechnungsformel für die Auflösung verstanden und angewendet werden können, aber auch das Bewußtsein entstanden sein, daß diese Größe ein Gütekriterium innerhalb der pharmazeutischen HPLC-Analytik darstellt.

4.2.6.3 Lösungssuche

In der Phase der Lösungssuche sollen nun anhand des Morphologischen Kastens jene Bedingungen gewählt werden, die wahrscheinlich zur verbesserten Trennung der Substanzen führt (siehe Abbildung 6B).

Den Studenten sollte klar gemacht werden, daß es sich als sinnvoll erweist, zunächst nur einen Parameter pro Versuch zu verändern, da es sonst zu sich aufhebenden Effekten kommen kann oder auch die Veränderungen im Chromatogramm nicht mehr erklärbar sind. Fokussiert werden kann auf praktikable Lösungen wie z.B. auf eine gezielte Veränderung der Fließmittelzusammensetzung, die aufgrund der elutropen Reihe (aus der Vorlesung bekannt) sinnvoll erscheint. Es handelt sich dabei keinesfalls um eine Einschränkung der möglichen Lösungen: es können aber auch andere Parameter in ihrer Ausprägung verändert werden. Diese sollten nicht zwingend zur Verbesserung der Trennung, aber mindestens zur Veränderung der Trennung des Substanzgemisches führen. Nicht umsonst heißt dieser Schritt LösungsSUCHE. Am Ende dieser Phase sollten mehrere Möglichkeiten im Morphologischen Kasten zur Auswahl stehen, die die Trennung des Substanzgemisches in seine Bestandteile verbessern können.

4.2.6.4 Lösungsprüfung

In der vorletzten Phase des Problemlöseprozesses sollen sich die Studenten innerhalb einer Gruppe für eine bis zwei Lösungen entscheiden, die sie mittels einer HPLC-Analyse unter den genannten Bedingungen überprüfen wollen (siehe Abbildung 6C). Das Bewußtsein, sich für eine ausgewählte Veränderung eines Parameters innerhalb eines Versuches zu entscheiden, wurde bereits im Abschnitt B der Strukturierungsphase erarbeitet. Leider ist die HPLC-Analytik sehr aufwendig, so daß sich innerhalb dieses Praktikumsabschnittes das Lösungsprüfen auf maximal zwei Lösungen limitiert.

Die Lösungsprüfung erfolgt ausschließlich praktisch und unter Aufsicht des Leiters. Anhand der Vorschrift zur Flüssigkeitschromatographie aus dem EAB (siehe Anlage 2), welche schon auf dem bisherigen Lösungsweg zu Rate gezogen wurde, soll jetzt mit Hilfe des Lehrenden eine Analyse unter den von den Studenten gewählten Bedingungen durchgeführt werden. Das Ergebnis des ersten Abschnittes der Lösungsprüfung sind die entstandenen Chromatogramme. Diese sollen nun in einem zweiten Abschnitt ausgewertet und verglichen werden, um die eigentliche Problemstellung zu beantworten. Durch Verfahrenshinweise soll auf die anschließende Ermittlung der Auflösungen hingewiesen werden. Lediglich von Studenten mit großen Lernschwierigkeiten ist ein Hinweis zum Ergebnisbereich, nämlich auf das EAB zu geben. Am Ende des zweiten Abschnittes der Lösungsprüfung steht dann auch die überprüfte Lösung des Problems: ist die Auflösung des Chromatogrammes unter veränderten Bedingungen größer geworden, sind die ermittelten Bedingungen so gewählt, daß sich die Trennung der Substanzen verbessert hat.

4.2.6.5 Lösungsbereitstellung

In der letzten Phase der Lösungsbereitstellung soll von den Studenten ein Protokoll erstellt werden. Das Protokoll soll neben dem Ausgangs- und ermittelten Chromatogramm auch die jeweiligen Bedingungen bei der Ermittlung der Ergebnisse enthalten. Die Formel sowie die Ergebnisse der Auflösungen in beiden Experimenten sollen nachvollziehbar dargestellt werden. Außerdem soll die Lösung des Problems anhand der Begründung der erhaltenen Ergebnisse noch einmal gefestigt werden. Dies ist insbesondere dann wichtig, wenn sich keine verbesserte Trennung der Substanzen ergab, um auch diese Erfahrungen später in andere Problemlöseprozesse mit einbeziehen zu können. Soweit Zeit im Rahmen der Praktikumsveranstaltung vorhanden ist kann dieses Protokoll auch in der Praktikumszeit erstellt bzw. auch durch den Lehrenden kontrolliert werden. Eine Protokollerstellung hilft den Studenten, die Lösung des bewältigten Problems in ihr Lösungsarsenal zu integrieren und sich über den Problemlöseprozeß klar zu werden. Deshalb sollte jeder Student ein eigenes Protokoll anfertigen.

4.2.6.6 Bewertung der Unterrichtsverlaufsplanung

Das Ziel des vorliegenden Unterrichtskonzeptes ist es, Studenten verstärkt problemorientiert Fähigkeiten in der HPLC-Analytik entwickeln zu lassen.

Der geplante Versuch ist in Projekte zur Erstellung neuer AB-Monographien mit dem Bundesinstitut für Arzneimittel und Medizinprodukte eingebunden. Durch diesen aktuellen Bezug zum EAB und zur pharmazeutischen Praxis kann wirkliche Betroffenheit bei den Studenten ausgelöst werden. Daran wird den Studenten auch die Stellung der HPLC-Analytik innerhalb des pharmazeutischen Analysenspektrums deutlich gemacht: als Methode zur Gehaltsbestimmung, zum Nachweis der Identität und vor allem in diesem Versuch zur Bestimmung des Verunreinigungsgrades von Arzneistoffen.
Anhand der HPLC-Anlage können die Studenten die wichtigsten Kenngrößen der einzelnen Bauteile benennen. So werden sie auch in die Lage versetzt, eine HPLC-Vorschrift im EAB, nach der sie später ihre Lösungsvorschläge überprüfen wollen, anwenden zu können.
Der Einsatz des Morphologischen Kastens dient dazu, das Kreativitätspotential der Studenten zu erhöhen und so möglichst viele Veränderungen der Parameter zu entdecken. Diese Kreativitätsmethode führt zur Auflockerung des Lehr-Lern-Geschehens und soll möglichst in das Lösungsarsenal der Lernenden übernommen werden, um so in späteren Problemlöseprozessen als Werkzeug zur Verfügung zu stehen.
Aufgrund der Kenntnisse zur Chromatographie aus vorangegangenen Praktikumsabschnitten bzw. aus der praktikumsbegleitenden Vorlesung kann die Veränderung eines Parameters in seiner Konsequenz für das Ergebnis einschätzt werden. Zur Lösungsprüfung wird von den Studenten unter Aufsicht eine HPLC-Analyse erstellt, die durch die Wahl geeigneter Bedingungen zu einer verbesserten Trennung der Substanzen führen sollte.
Die in der letzten Phase des Problemstrukturierungsprozesses erarbeitete Größe „Auflösung“ dient dazu die Lösung zu bewerten, hier ist es nötig, die Chromatogramme zu interpretieren, um die Auflösung der Peaks zu ermitteln.
Die Protokollerstellung dient der Lösungsbereitstellung, um zum einen die Lösung in den Wissensfundus des Studenten zu integrieren und zum anderen um eine Kontrolle des erworbenen Wissens durch den Lehrenden zu sichern.
Die so erworbenen Fähigkeiten in der HPLC-Analytik können als Grundlage für den Ausbau zu Fertigkeiten innerhalb der aufbauenden Praktika der Pharmazeutischen Chemie zur Verfügung gestellt werden.
Aufgrund der verschiedenen Möglichkeiten zur Verbesserung der Auflösung ist eine echte Lösungsentscheidung möglich und damit auch ein Problemlöseprozeß durch den Lehrenden initiierbar. Das erstellte Unterrichtskonzept ist grundsätzlich geeignet, Problemlösefähigkeiten für allgemeine und analytische Fragestellungen zu erwerben. Die vorliegende Planung kann

deshalb als Prototyp für POL im Praktikum „Instrumentelle Analytik" verstanden werden, der modifiziert auch auf andere Teile dieses Praktikums anwendbar ist. Insbesondere das A-V-EB-E-Konzept nach TÜMMERS macht es den Lehrkräften möglich heterogene Lernvoraussetzungen der Studenten zu berücksichtigen, da verschiedene Hinweise je nach Lernschwierigkeiten gegeben werden können. Der von BRUNKOW erwähnte geringfügig höhere Zeitaufwand problemorientierter Konzepte sollte in diesem Fall zugunsten der Vorteile toleriert werden. Die fehlende Sicherheit des rezeptiven Lehrstils kann mit der Zeit durch möglichst genaue Unterrichtsverlaufsplanung und steigende Erfahrungen mit POL, aber auch durch das vorhandene Fachwissen und die gesammelten Lehrerfahrung der Lehrkräfte, minimiert werden. Obwohl POL nicht die gleiche Sicherheit wie der rezeptive Lehrstil bietet, sollte es zugunsten der geforderten Variabilität und Selbständigkeit als Teile der zukünftigen beruflichen Handlungskompetenz mehr und mehr Einzug in die universitäre Lehre halten. Akademische Lehrkräfte mit ihrem hohen Fachwissen und großen Lehrerfahrung können dann auch ohne pädagogische Qualifizierung mit entsprechenden Konzepten, wie z.B. dem hier vorgestellten, in diesem Sinn handlungsfähig gemacht werden.

5 Zusammenfassung

Ziel dieser Arbeit war die Entwicklung einer Unterrichtsverlaufsplanung für das Praktikum „Instrumentelle Analytik"/Teilgebiet HPLC-Analytik. Diese sollte den besonderen Bedingungen von Praktika im Pharmaziestudium gerecht werden. Die dazu eingangs geschilderte Problematik machte deutlich, daß die vorhandenen Bedingungen nicht optimal für die Erfüllung der Funktion der Praktika geeignet sind. Auf motivationaler Ebene wirken sich die unzureichende Anerkennung guter Lehre gegenüber guter Forschung sowie die hohe Lehr- und Betreuungslast negativ auf die Lehrkräfte aus. Die unzureichende pädagogische Ausbildung akademischer Lehrkräfte führt dazu, daß die guten Voraussetzungen an der Universität für eine problemorientierte Lehrform nur ungenügend genutzt werden. Dazu zählen z.B. die fast ausschließliche Bearbeitung von Forschungsaufgaben, die Nutzung praxisnaher Routinearbeitsplätze sowie die Möglichkeit zur Gruppenarbeit.
Im Praktikum „Instrumentelle Analytik"/Teilgebiet HPLC-Analytik sollen Fähigkeiten auf dem Gebiet der Pharmazeutischen Chemie erworben werden, die in aufbauenden Praktika zu Fertigkeiten ausgebaut werden können, um eine berufliche Handlungskompetenz des Absolventen zu erlangen. Fähigkeiten und Fertigkeiten können im Praktikum

schwerpunktmäßig durch rezeptives oder problemorientiertes Lehren vermittelt werden. Gerade weil in zukünftigen Berufsanforderungen das Fachwissen allein nicht ausreicht, sind problemorientierte Ansätze gefragt, um die nötige Selbständigkeit und Variabilität der Lernenden zu fördern.

Nach Einführung in die Problematik von POL wurde anschließend auf ein Konzept nach TÜMMERS (A-V-EB-E-Konzept) fokussiert. Innerhalb dieser Arbeit konnte gezeigt werden, daß dieses Konzept für den Teilabschnitt HPLC-Analytik des Praktikums „Instrumentelle Analytik" angewendet werden kann und daß es den besonderen Bedingungen im Pharmaziestudium gerecht wird. Von besonderem Interesse war die Beantwortung der Frage, ob dieses Konzept ohne großen Vorbereitungsaufwand von pädagogisch gering qualifizierten Lehrkräften mit Lehrerfahrung anwendbar bzw. auf andere Teilabschnitte leicht übertragbar ist. Auch hier ist eine positive Bilanz zu ziehen. Mit Hilfe dieses Konzeptes ist es möglich, die guten universitären Voraussetzungen für POL, wie die Möglichkeit zur Gruppenarbeit, die Ausbildung an praxisnahen Routinearbeitsplätzen und die Integration von Forschungsaufgaben, zu nutzen. Das Konzept bietet grundsätzlich die Möglichkeit ohne größeren Zeitaufwand in modifizierter Form auf andere Teilgebiete des Praktikums „Instrumentelle Analytik" angewendet werden zu können. Der geringfügig höhere Zeitaufwand sollte dabei in Kauf genommen werden.

Abschließend kann noch einmal darauf verwiesen werden, daß POL von den Lehrenden wahrscheinlich um so eher realisiert werden wird, wenn es bereits im Studium durch eigenes problemlösendes Denken erfahren wurde (vgl. TÜMMERS, 1980, S. 50). In diesem Sinne sollten auch Pharmaziestudenten einerseits als die zukünftigen Praktikumsleiter und Professoren von morgen an POL herangeführt werden, andererseits aber auch um Problemlösefähigkeiten für den kommenden Arbeitsmarkt zu entwickeln.

6 Literaturverzeichnis

Gesetzestexte:

- Approbationsordnung für Apotheker (AAppO) vom 19. Juli 1989 (BGBl. S. 1489); zuletzt geändert durch Verordnung vom 19. Juni 1991 (BGBl. S. 1343)
- Europäisches Arzneibuch (EAB): amtliche deutsche Ausgabe. Stuttgart : Deutscher Apotheker-Verlag 1997.
- Gesetz über die Hochschulen im Freistaat Sachsen (Sächsisches Hochschulgesetz; SHG) vom 04. August 1993 (SächsGVBl. S. 691), geändert durch Gesetze vom 24. Mai 1994 (SächsGVBl. S. 1006) und vom 07. April 1997 (SächsGVBl. S. 353)
- Hochschulrahmengesetz (HRG) vom 26. Januar 1976 (BGBl. S. 185) in der Fassung der Bekanntmachung vom 09. April 1987, zuletzt geändert durch Artikel 1 des Gesetzes vom 20. August 1998 (BGBl. S. 2190)
- Studienordnung für den Studiengang Pharmazie an der Universität Leipzig in der aktuellen Fassung

BATYSCHEW, S.: Zur wissenschaftlichen Organisation des berufspraktischen Unterrichts. Berlin : Volk und Wissen 1975.

BERNHEIM, E.: Der Universitätsunterricht und die Erfordernisse der Gegenwart. Berlin : Calvary & Co. 1898.

BÖNSCH, M.: Das Problematisieren. In: Westermanns Pädagogische Beiträge. 39 (1987) 2, S. 36-38.

BRUNER, J.: Der Akt der Entdeckung. In: Neber, H. (Hrsg.): Entdeckendes Lernen. Weinheim; Basel : Beltz 1973, S. 15-27.

BRUNKOW, W.: Systematisierung der Erarbeitung elementarer berufsmotorischer Fertigkeiten im fachpraktischen Unterricht. Frankfurt am Main; Berlin; Bern; New York; Paris; Wien : Lang 1992.

FUHRMANN, E.: Forschungsproblem Unterrichtsmethode. Berlin 1976.

FREIMANN, J. und SCHWADERLAPP, R.: Fast wie im richtigen Leben. In: Zeitschrift für Betriebswirtschaft. Ergänzungsheft 2/1994, S. 53-64.

HACKER, W.: Allgemeine Arbeits- und Ingenieurspsychologie. Psychische Struktur und Regulation von Arbeitstätigkeiten. Berlin : Deutscher Verlag des Wissens 1980.

HACKER, W.: Allgemeine Arbeitspsychologie. Psychologische Regulation von Arbeitstätigkeiten. Bern; Göttingen (u. a.) : Huber 1998 (Schriften zur Arbeitspsychologie 58).

HÄCKER, H. und STAPF, K. H. (Hrsg.): Dorsch Psychologisches Wörterbuch. Bern; Göttingen u. a. : Huber 1998.

HÖLSCHER, L.: Das Planspiel als Lehrmethode für Massenveranstaltungen. In: Zeitschrift für Betriebswirtschaft. Ergänzungsheft 3/2000, S. 155-177.

HORTSCH, H.: Script zur Vorlesung Didaktik für den Ergänzungsstudiengang Berufspädagogik/Erwachsenenweiterbildung. Technische Universität Dresden 1998.

HORTSCH, H. und WOLFRAM, P.: Nichtlineare Welt und Pädagogik. In: Wissenschaftliche Zeitschrift der Technischen Universität Dresden. 42 (1993) Heft 3, S. 65-69.

HEIMANN, P.: Didaktische Grundbegriffe. In: Reich, K./Thomas, H. (Hrsg.): Didaktik als Unterrichtswissenschaft. Stuttgart : Ernst Klett Verlag 1976, S.103-141.

JANK, W. und MEYER, H.: Didaktische Modelle. Berlin : Cornelsen Scriptor 1997.

KAISER, F.-J.: Entscheidungstraining. Bad Heilbrunn : Verlag Julius Klinkhardt 1976.

KRAATZ, R.: Literaturbericht zur Thematik „Problemorientierte Unterrichtsgestaltung". Abschlußarbeit Sektion Berufspädagogik an der Technische Universität Dresden 1988.

LEITNER, E.: Probleme Österreichischer Hochschullehrer in der Lehre - Ergebnisse einer Erhebung in der Planungsphase eines hochschulpädagogischen Kurses. In: Freyn, W. (Hrsg.): Studium und Beruf. Rückblick auf die Achte Arbeitstagung Hochschuldidaktischer Einrichtungen in Augsburg 1988. Universität Augsburg 1993, S. 56-63.

PFAFF, M.: Problemorientiertes Lernen - Anleitung mit 20 Fallbeispielen. London : Chapmann& Hall 1997.

RIEDEL, H.: Allgemeine Didaktik und unterrichtliche Praxis. - Eine Einführung. München : Kösel-Verlag 1977.

RIEDEL, H.: Überlegungen zu einem unterrichtstechnologischen Experiment über die Wirkung von Problemstellungen zu Beginn des Unterrrichts. In: grkg/Humankybernetik, H. 28 (1987) 2, S. 63-72.

RIEDEL, J.: Arbeitsunterweisung, Das Refa-Buch. Bd. 4, München : Hanser 1951.

RUBINSTEJN, S. L.: Sein und Bewußtsein. Berlin : Akademie Verlag 1962.

SCHOLZ, F. L.: Problemorientierter Unterricht. In: Westermanns Pädagogische Beiträge. 31 (1979) 7, S. 274-278.

TÜMMERS, J.: Fachdidaktische Konzeption problemorientierten Unterrichts im beruflichen Schulwesen. In: Tümmers, J. (Hrsg.): Problemlösendes Denken in der Berufserziehung. Köln; Wien : Böhlau-Verlag 1980, S. 4-52.

TÜMMERS, J. und KRAMER, B.: Organisationsmaßnahmen zur Förderung problemorientierten Denkens am betrieblichen Ausbildungsplatz. In: Tümmers, J. (Hrsg.): Problemlösendes Denken in der Berufserziehung. Köln; Wien : Böhlau-Verlag 1980, S. 96-112.

7 Danksagung

Wohl wissend, daß es in den Geisteswissenschaften nicht üblich ist, Danksagungen zu schreiben, möchte ich diese in den Naturwissenschaften so selbstverständliche Geste an das Ende dieser Arbeit stellen. Vor allem möchte ich den Menschen Danke sagen, die mich auf dem ganzen Ausbildungsabschnitt, welchen ich mit der vorliegenden Arbeit abschließen werde, begleitet und unterstützt haben.

Mein Dank gilt an erster Stelle den Lehrenden der TU Dresden, Fakultät für Erziehungswissenschaften, die dieses Studium ermöglicht haben. Dem Studienverantwortlichen Dr. Kersten gilt mein Dank für die unkonventionelle Betreuung dieser Arbeit und für wichtige Impulse, die mir beim Wegbahnen meiner Ideen für diese Arbeit geholfen haben. Herrn Dr. habil. Grottker und Frau Dr. König sei für besonders anregende Vorlesungen gedankt.

Ich danke weiterhin allen Kolleginnen der Medizinischen Berufsfachschule am Städtischen Klinikum Dresden-Friedrichstadt für die Vertretungsstunden und das Verständnis während meines Studiums. Der Direktorin, Frau Mesech danke ich für die Möglichkeit, dieses Studium an der TU Dresden beginnen zu dürfen. Frau Sühring und Frau Dinnbier danke ich für die Stundenplanung. An dieser Stelle auch Dank an alle meine Schüler in dieser Zeit. Insbesondere den Klassen MtL 98a, MtL 97a/b und KS 98a, für das Gefühl, auf dem richtigen Weg zu sein.

Großer Dank gebührt meinem derzeitigen Lehrer, Herrn Prof. Dr. Eger an der Fakultät für Biowissenschaften, Pharmazie und Psychologie der Universität Leipzig. Er gab mir die Möglichkeit zur Fortführung meiner pädagogischen Ausbildung und jede Menge Motivation zur Erstellung eines POL-Konzepts.

Danke an alle Freunde: Burkhard und Gunter für Geduld, Zuhören und Tee kochen, Michael fürs Korrekturlesen und André für die Hilfe auf den letzten Metern des Weges. Meinen Kommilitonen Elke Hachmann und Stefan Schädlich danke ich für die Geduld mit manchem meiner wirren Gedanken und für alle gemeinsamen Konsultationen; ohne Euch wäre alles nur halb so lustig gewesen. Bei meinen Eltern möchte ich mich für jede erhaltene Unterstützung, materieller, vor allem aber immaterieller Art bedanken.

Und schließlich: Alle, die an mir gezweifelt haben und alle die an mich geglaubt haben, sollen nicht vergessen werden: einfach DANKE.

8 Anlagen

Anlage 1

Chromatogramm mit zwei unvollständig getrennten Peaks

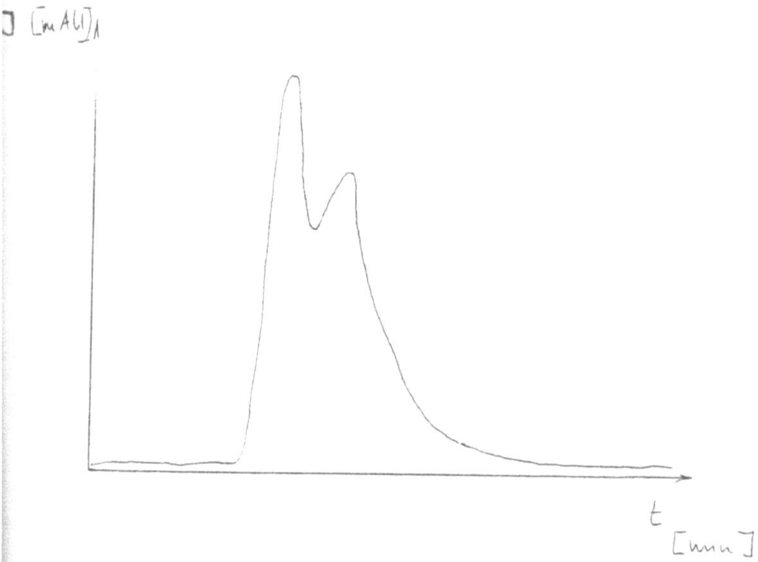

Anlage 2

Flüssigkeitschromatographie im EAB

2.2.29 Flüssigchromatographie

Die Flüssigchromatographie ist eine Trennmethode, bei welcher die mobile Phase eine Flüssigkeit und die sich in einer Säule befindende stationäre Phase ein feinkörniger Feststoff, eine auf einen Feststoff aufgetragene Flüssigkeit oder ein durch Einführen organischer Gruppen chemisch abgewandelter Feststoff darstellt.

Die Flüssigchromatographie beruht auf dem Prinzip der Adsorption, der Verteilung, des Ionenaustausches oder des Ausschlusses.

Apparatur: Das Gerät besteht im allgemeinen aus einem Pumpensystem, einem Probeneinlaß, einer Chromatographiesäule, einem Detektor und einer Registriervorrichtung. Die mobile Phase wird im allgemeinen unter Druck aus einem oder mehreren Vorratsbehältern gefördert und strömt mit konstanter Durchflußmenge durch die Säule und anschließend durch den Detektor.

Die Temperatur der Chromatographiesäule wird konstant gehalten. Die Zusammensetzung der vorgeschriebenen mobilen Phase kann während der Dauer der Chromatographie konstant gehalten (isokratische Elution) oder nach einem bestimmten Programm verändert werden (Gradientenelution).

Mit dem verwendeten Detektionssystem sollen die Mengen der im Fließmittel vorhandenen Substanzen bestimmt werden können. Dieses System beruht im allgemeinen auf der Absorptionsspektrometrie, Differentialrefraktometrie, Fluorimetrie oder auf elektrochemischen oder Verbrennungsmethoden.

Ausführung: Die Chromatographiesäule wird mit der vorgeschriebenen mobilen Phase eingestellt. Die Lösungen der zu prüfenden Substanz sowie einer oder mehrerer Referenzsubstanzen werden hergestellt. Die Lösungen müssen frei von festen Bestandteilen sein. Mit Hilfe der Referenzlösungen werden die geeigneten Geräteeinstellungen und Einspritzmengen ermittelt, um ein ausreichendes Signal zu erhalten. Die Wiederholbarkeit des Signals wird durch wiederholtes Einspritzen überprüft. Falls erforderlich, wird die Anzahl der theoretischen Böden bestimmt.

Die Lösungen werden eingespritzt und die Chromatogramme aufgezeichnet. Durch wiederholtes Einspritzen wird die Wiederholbarkeit der Aufzeichnung überprüft. Dann wird die Fläche oder, falls der nach der unten angegebenen Formel berechnete Symmetriefaktor zwischen 0,80 und 1,20 liegt, die Höhe der Peaks, die den zu bestimmenden Komponenten entsprechen, bestimmt. Wird ein Fließmittelgradient benutzt, muß die Peakfläche bestimmt werden. Falls ein interner Standard benutzt wird, muß darauf geachtet werden, daß kein Peak der zu prüfenden Substanz durch denjenigen des internen Standards verdeckt wird.

Aus den erhaltenen Werten wird der Gehalt der zu bestimmenden Substanz oder Substanzen berechnet. In bestimmten Fällen wird der Prozentgehalt einer oder mehrerer Komponenten der zu prüfenden Substanz ermittelt, indem die Fläche des oder der betreffenden Peaks als Prozentanteil der Fläche aller Peaks berechnet wird, ausgenommen derjenigen von Lösungsmitteln oder anderer zugesetzter Substanzen („Normalisierung" genanntes Verfahren). Dabei wird vorzugsweise ein Verstärker mit großem dynamischem Bereich und ein automatischer Integrator verwendet.

Der Symmetriefaktor eines Peaks kann nach der Formel berechnet werden:

$$\frac{b_{0,05}}{2A}$$

$b_{0,05}$ = Peakbreite bei einem Zwanzigstel der Peakhöhe

A = Entfernung zwischen der durch das Maximum des Peaks gezogenen Senkrechten und dem aufsteigenden Kurvenast bei einem Zwanzigstel der Peakhöhe.

Wenn nichts anderes vorgeschrieben ist, ist das Ergebnis der Bestimmung nur gültig, wenn die Auflösung zwischen den gemessenen Peaks auf dem Chromatogramm größer als 1,0 ist. Die Auflösung (R_s) kann nach der Gleichung berechnet werden:

$$R_s = \frac{1{,}18\,(t_{R_b} - t_{R_a})}{b_{0,5_a} + b_{0,5_b}}$$

$t_{R_b} > t_{R_a}$

t_{R_b} und t_{R_a} = Entfernung auf der Basislinie in Millimetern zwischen dem Einspritzpunkt und den Schnittpunkten der durch die Maxima zweier benachbarter Peaks gezogenen Senkrechten mit der Basislinie

$b_{0,5_a}$ und $b_{0,5_b}$ = Peakbreiten in Millimetern in halber Peakhöhe.

Unter isokratischen Bedingungen kann die Anzahl der theoretischen Böden (n) nach der Gleichung berechnet werden:

$$n = 5{,}54 \left(\frac{t_R}{b_{0,5}}\right)^2$$

t_R = Entfernung auf der Basislinie in Millimetern zwischen dem Einspritzpunkt und dem Schnittpunkt der durch das Maximum des betrachteten Peaks gezogenen Senkrechten mit der Basislinie

$b_{0,5}$ = Peakbreite in Millimetern in halber Peakhöhe

Das Massenverteilungsverhältnis D_m (auch als Kapazitätsfaktor bezeichnet) ist definiert als:

$$D_m = \frac{\text{Menge des gelösten Stoffes in der stationären Phase}}{\text{Menge des gelösten Stoffes in der mobilen Phase}}$$

$$= K \cdot \frac{V_s}{V_m}$$

K = Gleichgewichts-Verteilungskoeffizient

V_s = Volumen der stationären Phase

V_m = Volumen der mobilen Phase